±500 kV直流输电工程保护系统分析

刘明群　邢　超　何　鑫
向　川　司成志　杨宇韬　著

西南交通大学出版社
·成　都·

图书在版编目（CIP）数据

±500 kV 直流输电工程保护系统分析 / 刘明群等著
. —成都：西南交通大学出版社，2021.11
ISBN 978-7-5643-8359-6

Ⅰ. ①5… Ⅱ. ①刘… Ⅲ. ①直流输电线路－电力工程－电流保护装置－系统分析 Ⅳ. ①TM726

中国版本图书馆 CIP 数据核字（2021）第 229679 号

±500 kV Zhiliu Shudian Gongcheng Baohu Xitong Fenxi

±500 kV 直流输电工程保护系统分析

刘明群　邢　超　何　鑫
向　川　司成志　杨宇韬　著

责任编辑／梁志敏
封面设计／GT 工作室

西南交通大学出版社出版发行
（四川省成都市金牛区二环路北一段 111 号西南交通大学创新大厦 21 楼　610031）
发行部电话：028-87600564　028-87600533
网址：http://www.xnjdcbs.com
印刷：四川煤田地质制图印刷厂

成品尺寸　185 mm×240 mm
印张　9.75　　字数　186 千
版次　2021 年 11 月第 1 版　　印次　2021 年 11 月第 1 次

书号　ISBN 978-7-5643-8359-6
定价　59.00 元

前言

PREFACE

随着我国直流输电技术高速发展，相继建成多个世界上直流电压等级最高、输送容量最大、输送距离最长的超（特）高压直流输电工程。作为该行业的技术工作者，得益于国家电力工业的发展、电网技术的进步，我们在直流输电工程技术领域获得了更加深刻的认知。

直流输电工程是一项庞大的系统工程，直流输电保护技术是其关键技术之一，也是一项复杂的子系统工程，其与传统的交流系统保护有较大区别。本书作者长期从事交流系统保护研究，随着我国直流外送规模的扩大，也参与到直流输电工程建设上来，全程参与了我国某项直流输电工程（书中简称 AB 直流输电工程，A 站为整流站、B 站为逆变站）控制保护系统的设计、装置出厂验收、安装调试、运行维护和定检。此直流输电工程保护系统采用许继集团公司的 DPS-3000 系统，为验证直流输电保护装置 FPT/DPT（功能性能/动态性能），利用 RTDS（Real Time Digital Simulation，实时数字仿真系统）搭建了直流输电工程的详细电磁暂态模型与保护装置进行闭环仿真测试，全面、系统地进行了各种故障下的检测，确保直流输电保护系统安全可靠。团队在试验、运维过程中对各种直流故障、保护逻辑进行了总结。鉴于现在从事直流保护的技术人员越来越多，而直流输电保护方面的书籍相对较少，团队编写本书，与大家共同探讨、学习，进一步加深对 500 kV 直流输电保护技术原理和应用的认识，更好地为直流输电工程运维提供帮助。

由于作者水平所限，书中难免存在不足之处，敬请广大读者批评指正。

编　者

2021 年 7 月

目　录

CONTENTS

1 直流输电工程简述

直流输电工程以直流输电的方式实现电能传输的工程。直流输电和交流输电相互配合构成现代电力传输系统。目前电力系统中的发电和用电的绝大部分均为交流电，要采用直流输电必须进行换流。在送端系统将交流电变换为直流电，经过直流输电线路将电能送往受端，在受端将直流电变换成交流电。送端进行整流变换的地方叫整流站，而受端系统进行逆变变换的地方叫逆变站。整流站和逆变站统称为换流站。实现整流和逆变变换的装置分别称为整流器和逆变器，统称为换流器。

直流输电工程的系统结构多为两端直流输电系统。送端系统和受端系统与直流输电系统有着密切的关系，它们给整流器和逆变器提供电压，创造实现换流的条件。同时送端电力系统作为直流输电的电源，提供传输的功率；而受端系统相当于负荷，接受和消纳直流输电送来的功率。因此，两端交流系统是实现直流输电必不可少的组成部分。两端交流系统的强弱、系统结构和运行性能等对直流输电工程的设计和运行均有较大的影响。另一方面，直流输电系统的设计条件和要求在很大程度上取决于两端交流系统的运行性能。例如，换流站的主接线和主要设备选择，特别是交流侧滤波和无功补偿配置方案；换流站的绝缘配合和主设备绝缘水平；直流输电控制保护系统的功能配置和动态响应特性等与两端交流系统有着密切的关系。

直流输电的控制保护系统是实现直流输电正常启动与停运、正常运行、运行参数改变与自动调节、故障处理与保护等必不可少的组成部分，是决定直流输电工程运行性能好坏的重要因素，它与交流输电二次系统的功能有所不同。此外，为了利用大地作为回路来提高直流输电运行的可靠性和灵活性，直流输电工程还需要有接地极和接地极引线。因此，一个两端直流输电工程，除整流站、逆变站和直流输电线路以外，还有接地极、接地极引线和一个满足运行要求的控制保护系统。

1.1 直流输电工程特点

直流输电工程的主要特点与其两端需要换流和输电部分为直流电这两个基本点有关。直流输电技术的发展与换流技术的发展，特别是大功率电力电子技术的发展有着密切的关系。目前，绝大部分直流输电工程是采用普通晶闸管换流阀（无自关断能力、频率低）进行换流。

1.1.1 直流输电的优点

（1）直流输电架空线路只需正负两根导线。杆塔结构简单、线路造价低、损耗小。与交流输电相比，输送同样的功率，直流架空线路可节省 1/3 的钢芯铝线，1/3 ~ 1/2 的钢材，线路造价约为交流输电的 2/3，并且在此条件下其线路损耗约为交流的 2/3。同时直流输电所占的线路走廊也较窄。在直流电压作用下，线路电容不起作用，不存在电容电流，线路沿线电压分布均匀，不存在交流输电由于电容电流而引起的沿线电压分布不均匀问题，不需要装设并联电抗器。

（2）直流电缆线路输送容量大、造价低、损耗小，不易老化、寿命长，且输送距离不受限制。电缆耐受直流电压的能力比交流电压的能力约高 3 倍以上，因此同样绝缘厚度和芯线截面的电缆，用于直流输电比用于交流输电的输电容量要大很多。直流电缆线路只需一根（单极）或两根（双极）电缆，而交流线路则需要 A、B、C 三相三根电缆。因此直流电缆线路的造价比交流要低许多。直流电缆线路的损耗主要是电阻损耗，而交流电缆除电阻损耗外，还有绝缘中的介质损耗和铅皮及铠装中的磁感应损耗。电缆线路的对地电容比架空线路要大得多，交流线路由此产生的电容电流很大。电容电流势必降低电缆的有效负荷能力，当电容电流等于电缆所允许的负荷电流时，芯线的全部负荷能力均被电容电流所占用，此时电力已不可能用交流电缆来输送。因此交流电缆的输送距离将受电容电流的限制。直流电缆不存在电容电流，则其输送距离将不受限制，有利于进行远距离电缆送电。

（3）直流输电不存在交流输电的稳定问题，有利于远距离大容量送电。交流输电

的输送功率 P 可以用下式表示：

$$P=\frac{E_1E_2}{X_{12}}\sin\delta$$

式中，E_1、E_2分别为送端和受端交流系统的等值电势；δ 为 E_1 和 E_2 两个电势之间的相位差，称为功率角；X_{12} 为 E_1 和 E_2 之间的等值电抗，对于远距离输电主要是输电线路的电抗。

当 δ=90°时，$P=P_M=\frac{E_1E_2}{X_{12}}$。其中，$P_M$ 为输电线路的静态稳定极限。输电线路的输送功率均小于 P_M。因为在运行中，如果输送功率接近 P_M，当系统有小扰动时，则可能使 δ>90°，此时两端交流系统将无法同步运行，可能导致两系统解列。随着输送距离的增加，允许的输送功率将减小。为增加输送功率必须采取提高稳定的措施，例：如增设串联电容补偿，增加输电线路回路数以减少 X_{12}；采用快速切故障及重合闸；送端系统快速切机，强行励磁，这将使输电系统的投资增加。直流输电的两端交流系统经过整流和逆变的隔离，不需要同步运行，不存在同步运行的稳定问题，其输送容量和距离将不受同步运行稳定性的限制，这对于远距离大容量输电是很有利的。

（4）采用直流输电实现电力系统之间的非同步联网，可以不增加被连电网的短路容量，不需要由于短路容量的增加而更换断路器以及因电缆要求采取限流措施；被联电网可以是额定频率不同（如 50 Hz、60 Hz）的电网，也可以是额定频率相同但非同步运行的电网；被连电网可保持自己的电能质量（如频率、电压）而独立运行，不受联网的影响；被联电网之间交换的功率可快速方便地进行控制，有利于运行和管理。

（5）直流输电输送的有功功率和换流器消耗的无功功率均可由控制系统进行控制，可利用这种快速可控性来调节交流系统的运行性能。根据交流系统在运行中的要求，可快速增加或减少直流输送的有功和换流器消耗的无功，对交流系统的有功平衡和无功平衡起快速调节作用，从而提高交流系统频率和电压稳定性，提高电能质量和电网运行的可靠性。对于交直流并联运行的输电系统，还可以利用直流的快速控制来阻尼交流系统的低频振荡，提高交流线路的输送能力。

（6）在直流电的作用下，只有电阻起作用，电感和电容均不起作用。直流输电采用大地为回路，直流电流则向电阻率很低的大地深层流去，可很好地利用大地这个良导体。利用大地回路可省去一极的导线，使双极系统相当于两个可独立运行的单极系统运行。当一极故障时，可自动转为单极系统运行，提高了输电系统的运行可靠性。

1.1.2 直流输电的缺点

（1）直流输电换流站比交流变电所的设备多、结构复杂、造价高、损耗大、运行费用高、可靠性也较差。通常交流变电站的主要设备是变压器和断路器，而直流换流站除换流变压器和相应断路器外，还有换流器、平波电抗器、交流滤波器、直流滤波器、无功补偿设备以及各种类型的交流和直流避雷器等。因此换流站的造价比同样规模的交流变电站造价要高出数倍。由于设备多，换流站的损耗和运行费用也相应增加，同时换流站的运行和维护也较复杂，对运行人员的要求也较高。因此，减少换流站的设备、简化其结构、降低设备造价、改善设备运行性能、采用新型的换流设备是今后直流输电发展中应继续解决的主要问题。

（2）换流器对交流侧来说，除了是一个负荷（在整流站）或电源（在逆变站）以外，还是一个谐波电流源。它畸变交流电流波形，向交流系统发出一系列的高次谐波电流，同时也畸变了交流电压波形。为了减少流入交流系统的谐波电流，保证换流站交流母线电压的畸变率在允许的范围内，必须装设交流滤波器。另一方面，换流器对直流侧来说，除了是一个电源（在整流站）或负荷（在逆变站）以外，还是一个谐波电压源。它畸变电压波形，向直流侧发出一系列的谐波电压，在直流线路上产生谐波电流。为了保证直流线路上的谐波电流在允许范围之内，在直流侧必须装设平波电抗器和直流滤波器。交、直流滤波器使换流站的造价、占地面积和运行费用均大幅度提高。同时也降低了换流站的运行可靠性。

（3）晶闸管换流器在进行换流时需要消耗大量的无功功率（约占直流输送功率的40%~60%），每个换流站均需装设无功补偿设备。当交流滤波器所提供的无功功率不能满足无功补偿的要求时，还需另外装设电容器；当换流站接于弱交流系统时，为提高系统动态电压的稳定性和改善换相条件，有时还需要装设同步调相机或静止无功补偿装置。这同样要增加换流站的投资和运行费用。当采用新型可关断半导体器件或电容换相换流器时，无功补偿问题将会得到解决。

（4）直流输电利用大地为回路带来一些技术问题。如接地极附近的直流电流对金属构件、管道、电缆等埋设物的电腐蚀问题；地中直流电流通过变压器的中性点使变压器饱和所引起的问题；对通信系统的干扰等。每项具体的直流输电工程，在工程设计时，对上述问题必须进行充分的研究，并采取相应的技术措施。

（5）直流断路器由于没有电流过零点，灭弧问题难以解决，给制造带来困难。国外对直流断路器虽然进行了大量的研究和试制，但到目前为止仍没有满意的产品提供给工程使用，使直流输电工程发展缓慢。近年来，利用直流输电的快速控制，在工程上已可以解决多端直流输电的故障处理等问题，但其控制系统相当复杂，仍需在实际工程运行中进行考验和改进。当采用新型可关断半导体器件进行换流时，直流断路器的功能将由换流器来承担，这一问题将得到解决。

1.2　AB 直流输电工程

下面以本书研究团队参与的 AB 直流输电工程（A 为整流站，B 为逆变站）为例进行研究。AB 直流工程是某水电厂的配套送出工程，直流输电双极额定功率为 3000 MW，单极额定功率为 1500 MW，额定电压为 ± 500 kV，额定电流为 3000 A，输电距离约为 600 km。其相关接线和运行数据如下。

1.2.1　换流站主接线

换流站交流母线接线：A 换流站 500 kV 交流场采用 3/2 接线方式。极 1 接入第 3 串，极 2 接入第 4 串。电厂送出的两条线路接入第 2 串和第 3 串。与系统相连的两条线路接入第 6 串和第 7 串，3 大组交流滤波器接入第 5 串、第 6 串和第 7 串。B 换流站 500 kV 交流场采用 3/2 接线方式。极 1 接入第 1 串，极 2 接入第 4 串。送出的两条 500 kV 线路接入第 2 串和第 3 串，两台降压变压器接入第 2 串和第 5 串。换流站具体接线方式详见附录 1。

换流站交流滤波器接线：A 换流站交流滤波器/并联电容器分为 3 大组，9 小组（见图 1-1），每小组容量 175 MV · A，共 1575 MV · A，3 大组交流滤波器接入第 5 串、第 6 串和第 7 串；B 换流站交流滤波器/并联电容器分为 4 大组，16 小组（见图 1-2），每小组容量 110 MV · A，共 1760 MV · A，4 大组交流滤波器接入第 1 串、第 3 串、第 4 串和第 5 串。

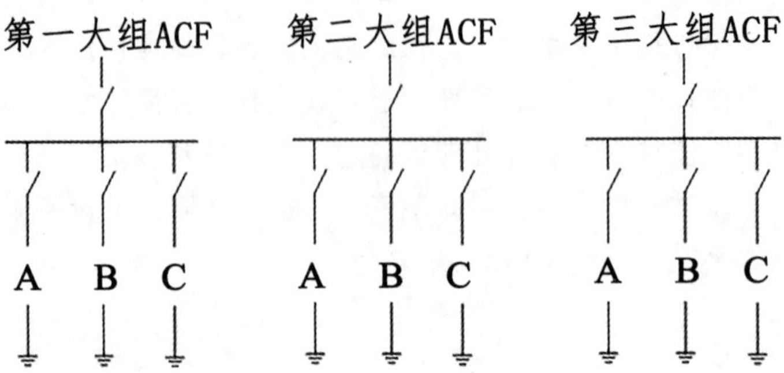

图 1-1　A 站交流滤波器接线图

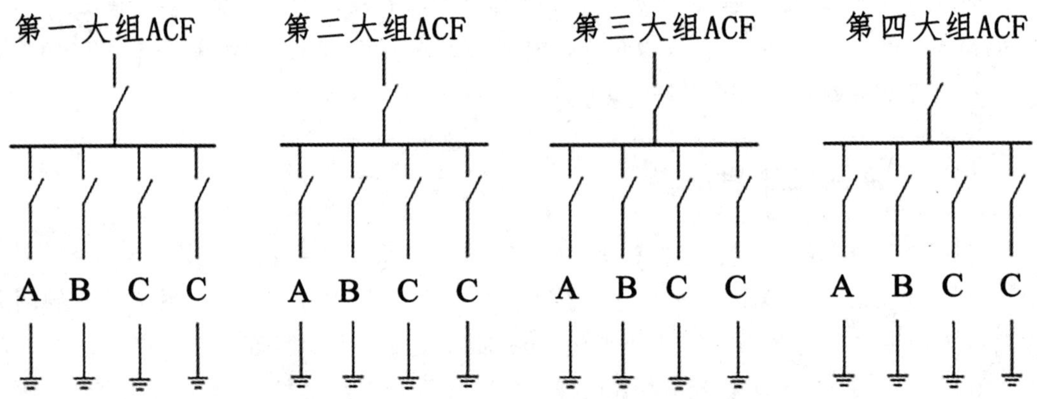

图 1-2　B 站交流滤波器接线图

换流阀和换流变压器接线：为了减少换流站所设置的特征谐波滤波器，工程换流阀采用两个电气上互差 30°的 6 脉动换流器，串联组成一个 12 脉动换流器作为一个换流组，构成三相四重阀的换流单元（见图 1-3）。换流变压器采用单相双绕组变压器，换流装置采用每极 1 个 12 脉动阀组接线方式（见图 1-4）。每个 12 脉动阀组为两个 6 脉动换流器采用串联方法的组合形式，每 1 个 6 脉动换流器组需用 3 台单相双绕组换流变压器，直流两极用 12 台单相双绕组换流变压器接入。

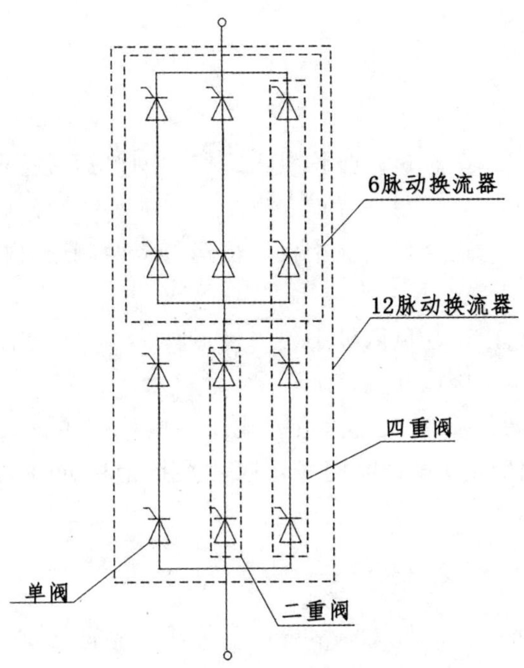

图 1-3　换流阀接线示意图

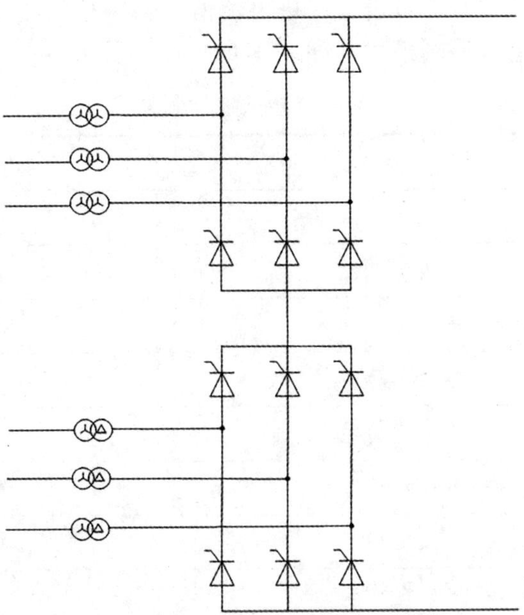

图 1-4　换流变压器接线示意图

1.2.2 直流运行

1. 接线方式

双极大地运行方式，正、负两极均投入运行，两侧通过接地极和接地极线路正常接地。

单极大地运行方式：正、负两极中仅一极运行，两侧通过接地极和接地极线路正常接地。

单极金属运行方式：正、负两极中仅一极运行，以停运极的直流线路作为电流回路，仅在逆变侧通过高速接地开关接地。

正常情况下采用两回直流双极运行方式。一极检修（该极线路可运行）时间较长时，优先采用金属回线方式；时间较短时，在接地极允许的情况下可采用大地回线方式。

2. 有功功率的运行控制模式

单极定功率控制模式：通过设置单极极功率值来实现单极功率控制。

双极定功率控制模式：通过设置双极极功率值来实现双极功率控制。

单极定电流控制模式：通过设置单极电流值来实现单极功率控制。

共有 9 种典型的运行控制模式，如表 1-1 所示。

表 1-1 典型运行控制模式

序号	极一	极二
1	单极定电流	单极定电流
2	单极定电流	单极定功率
3	单极定电流	双极定功率
4	单极定功率	单极定电流
5	单极定功率	单极定功率
6	单极定功率	双极定功率
7	双极定功率	单极定电流
8	双极定功率	单极定功率
9	双极定功率	双极定功率

3. 无功控制模式选取原则

正常运行时采用自动定无功功率模式。

特殊情况下可采用自动定交流电压模式或手动控制模式。

4. 典型运行数据

1）双极大地运行方式

在直流全压运行方式（500 kV）、正常交流电压下，直流输电工程直流电阻为4.52 Ω，直流功率从 0.1 p.u.至 1.2 p.u.时，运行特性如表 1-2 所示。

表 1-2 全压运行特性

功率标幺值（p.u.）	电流/A	U_{dR}/kV	U_{dI}/kV	P/MW	α/°	γ/°	TCR	TCI
0.1	300	500	498.6	150	16.7	19.4	6	3
0.25	750	500	496.6	375	16.2	20	5	2
0.5	1500	500	493.2	750	16.4	19.5	3	1
0.75	2250	500	498.8	1125	15.9	19.2	1	0
1	3000	500	486.4	1500	15.4	18.2	0	0
1.1	3320	500	481.9	1650	14.2	18.5	0	0
1.2	3645	500	477.4	1800	13.4	19.0	0	0

U_{dR}：整流侧直流母线电压；

U_{dI}：逆变侧直流母线电压；

P：直流输电功率；

α：整流侧触发角；

B：逆变侧熄弧角；

TCR：整流侧分接头位置；

TCI：逆变侧分接头位置。

在直流降压运行方式下（400 kV 及 350 kV）直流电压的降低是通过换流变压器抽头调节降低直流空载理想电压和增大触发角来实现的。两端换流站交流母线电压正常，直流输电工程直流电阻 4.52 Ω，直流功率从 0.1p.u.上升时，运行特性如表 1-3 所示。

表 1-3　降压运行特性

功率标幺值（p.u.）	电流/A	U_{dR}/kV	U_{dI}/kV	P/MW	α/°	γ/°	TCR	TCI
0.1	375	400	398.3	150	28.6	26.7	18	18
0.5	1875	400	391.5	750	21.7	22.2	18	18
0.8	3000	400	386.4	1200	16.8	18.2	17	18
0.1	429	350	348.1	150	39.5	38.4	18	18
0.5	2143	350	340.3	750	33.9	34.9	18	18
0.8	3000	350	336.4	1050	30.8	33	18	18

2）单极大地运行方式

在直流全压运行方式(500 kV)、正常交流电压下，直流输电工程直流电阻 10.98 Ω，直流功率从为 0.1p.u.至 1.1p.u.时，运行特性如表 1-4 所示。

表 1-4　全压运行特性

功率标幺值（p.u.）	电流/A	U_{dR}/kV	U_{dI}/kV	P/MW	α/°	γ/°	TCR	TCI
0.1	300	500	496.7	150	16.7	19.4	6	3
0.25	750	500	491.8	375	16.2	19.6	5	3
0.5	1500	500	483.5	750	16.4	18.8	3	3
0.75	2250	500	475.3	1125	16.9	20	1	2
1	3000	500	467.1	1500	15	19.2	0	2
1.1	3300	500	463.8	1650	13	18.9	0	2

在直流降压运行方式下（400 kV 及 350 kV），两端换流站交流母线电压正常，直流输电工程直流电阻为 10.98 Ω，直流功率从 0.1p.u.上升时，运行特性如表 1-5 所示。

表 1-5 降压运行特性

功率标幺值（p.u.）	电流/A	U_{dR}/kV	U_{dI}/kV	P/MW	α/°	γ/°	TCR	TCI
0.1	375	400	395.9	150	28.6	27.4	18	18
0.5	1875	400	379.4	750	21.7	26	18	18
0.8	3000	400	367.1	1200	16.8	24.9	17	18
0.1	429	350	345.3	150	39.5	39	18	18
0.5	2143	350	326.5	750	33.9	37.8	18	18
0.8	3000	350	317.1	1050	30.8	37.3	18	18

3）单极金属运行方式

在直流全压运行方式（500 kV），正常交流电压下，直流输电工程直流电阻为 12.23 Ω，直流功率从 0.1p.u.至 1.1p.u.时，运行特性如表 1-6 所示。

表 1-6 全压运行特性

功率标幺值（p.u.）	电流/A	U_{dR}/kV	U_{dI}/kV	P/MW）	α/°	γ/°	TCR	TCI
0.1	300	500	496.3	150	16.7	20.1	6	3
0.25	750	500	490.8	375	16.2	19.9	5	3
0.5	1500	500	481.7	750	16.4	19.4	3	3
0.75	2250	500	472.5	1125	16.9	18.9	1	3
1	2700	500	467	1350	16.7	18.6	0	3
1.1	2850	500	465.1	1425	15.9	20.5	0	2

在直流降压运行方式下（400 kV 及 350 kV），两端换流站交流母线电压正常，直流输电工程直流电阻为 12.23 Ω，直流功率从 0.1 p.u.上升时，运行特性如表 1-7 所示。

表 1-7　降压运行特性

功率标幺值（p.u.）	电流/A	U_{dR}/kV	U_{dI}/kV	P/MW	α/°	γ/°	TCR	TCI
0.1	373	402.3	397.7	150	28	26.9	18	18
0.5	1824	411.2	388.8	750	17.9	23.3	18	18
0.8	2874	417.6	382.4	1200	16.3	20.5	14	18
0.1	425	352.6	347.4	150	39	38.5	18	18
0.5	2068	362.6	337.4	750	31.2	35.7	18	18
0.8	2857	367.5	332.5	1050	26.9	34.3	18	18

2 直流输电保护特点

直流输电不仅可根据系统要求传输直流功率，还可以利用直流的快速控制和调制功能提高直流两侧交流系统的稳定性。直流输电系统主回路接线和运行方式灵活多样，换流站交、直流设备繁多，为了保护换流站内所有电气设备免受损坏，直流输电工程需配置完善的保护系统。直流输电系统与交流输电系统不同，其保护系统与控制系统紧密相连，从现有工程来看，直流输电工程的保护系统与控制系统基本为成套设计，以提高直流输电系统的稳定性。

2.1 直流保护系统的基本性能

直流保护系统的基本性能要求与交流保护相同，要满足可靠性、选择性、灵敏性和快速性的要求，几项要求不可分割。综合起来，对直流保护系统的主要性能要求如下：

（1）在系统和设备应力允许的情况下，合理配置主保护和后备保护，在无法应用不同原理配置主/备保护的情况下，可利用主保护的多重化保证其可靠性。直流系统保护无论主、备保护，均要形成完全的多重化配置。

（2）要满足不同水平年的强、弱交流系统要求、直流输电系统不同运行方式下的要求。

（3）保护定值的计算应充分计及系统和设备应力条件、不同类型故障和不同故障点的严重程度，合理配置主、备保护的定值，保护定值应与直流控制功能和相关交流保护匹配且满足不同系统条件下保护性能的要求，在确保系统和设备安全的前提下，最大限度避免直流输电系统停运。

（4）尽最大限度避免双极停运。目前较为普遍的设计理念是直流保护中仅设置本极停运的保护，双极区故障由两个极的保护各自检测各自停运本极，无停运双极的保护出口，这样可以避免因测量二次回路故障，或极/双极控制保护系统本身故障导致的双极停运。

直流保护系统结合了自身的运行点，主要有以下几个方面。

2.1.1 可靠性

每套保护装置的冗余配置完全一样，有自己独立的硬件设备，包括专用电源、输入电路、输出电路和直流保护的全部功能软件，避免了因保护装置本身故障而引起主设备或系统停运。每个可以独立运行极所用保护功能均集中放置在本极的保护装置中，采用集中冗余配置。双极部分的保护功能也应配置在每个极的保护装置中，并有自己的测量回路。

2.1.2 灵敏性

保护的配置应该能够检测到所有可能的、致使直流系统及设备处于危险情况的，以及对于系统运行来说不可以接受的故障和异常运行情况。因此，直流保护采用分区重叠，没有遗漏，每一区域或设备至少采用相同原理的双主双备或不同原理的一主一备保护配置。

2.1.3 选择性

直流系统保护分区配置，每个分区或设备至少有一个选择性强的主保护，便于故障识别；可以根据需要退出和投入部分保护功能，而不影响系统安全运行；单极部分的故障引起保护动作，不应造成双极停运；任何区域或设备发生故障，直流保护系统中仅最先工作的保护功能作用；本极的关于极或双极部分的保护无权停运另外的极；保护尽量不依赖于两端换流站之间的通信。

2.1.4 快速性

充分利用直流输电控制系统，以尽可能快的速度停运、隔离故障系统或设备，保证系统和设备的安全；措施包括紧急移相、投旁通对、封锁触发脉冲、跳换流变压器进线断路器和直流开关等。

2.1.5 可控性

通过控制系统控制故障电压、电流等运行参数的方法，来减轻各种故障对设备的危害程度，维持系统运行，如切换控制系统、降功率运行、降压运行等。

2.1.6 安全性

保护既不能拒动，也不能误动。为了保证设备和人身的安全，在不能兼顾防止保护误动和拒动时，保护及跳闸回路的配置宁可误动也不可拒动。跳闸回路应为独立的双跳闸线圈、双操作电源。

2.1.7 可修性

各种直流保护功能的参数应该便于修改，保护的配置应该考虑到装置试验和维护时不会影响到被保护系统的运行。

2.2 直流保护系统与控制系统

直流保护系统与直流控制系统关系密切，由于直流系统的控制是通过改变换流器的触发角来实现的，直流保护动作的主要措施也是通过触发角变化和闭锁触发脉冲来完成的。因此，直流系统的控制与保护功能关系密切。

（1）直流控制始终保持系统输送功率平稳，当系统发生故障扰动时，控制系统将立即作用，利用其快速性来抑制事故发展，企图维持系统输送功率稳定。例如，当逆变器发生换相失败，整流器的定电流调节器将抑制直流短路电流，约在 50 ms 内将直流电流调回到额定值；逆变器的关断角也将增大关断角，以防止换相失败。

（2）只有当系统发生严重的故障或设备发生永久故障，以及控制系统达到控制范围极限，直流控制系统不能使直流输电恢复稳定运行时，直流保护才动作停运直流系统，隔离故障设备，如整流器发生阀短路故障、极母线短路故障等，交流侧短路电流急剧增大，控制系统无法控制，则需要保护迅速动作紧急移相，闭锁整流器触发脉冲或是跳开换流变压器进线断路器。

（3）直流系统保护动作的策略是：某些保护先告警，同时采取控制措施，有些工程采取冗余的控制系统切换或降低功率运行等；如果故障进一步发展，则会启动保护停运程序。通过换流器触发脉冲的紧急移相或投旁通对，使直流电流和电压很快到零；根据不同的故障情况，直流保护回路启动不同的自动顺序控制程序，闭锁触发脉冲，并断开所连的交流滤波器和并联电容器。根据故障严重程度和不同的区域，相应发出直流极隔离的跳开直流断路器和换流变压器进线断路器指令。

因此，直流控制和保护的配合，既能快速抑制故障的发展，迅速切除故障，又能在故障消除后迅速恢复直流系统的正常运行。

2.3 直流输电保护与交流系统保护

（1）交流系统保护大都基于元件和某段线路的保护，而直流系统保护则基于整个直流输电系统而言。这些保护区域涵盖了整个直流输电系统和交流场相关的部分。

（2）常规交流系统保护均配置为不同原理的主、备保护装置。直流保护不仅设有不同原理的主备保护，如阀短路保护和过流保护、换相失败保护和直流谐波保护等，同时为了尽量避免极和双极的停运，在主备配置的基础上，还要多重化的完全冗余配置，即可能是双重化并且是启动加判据原理，可能是三取二配置甚至是四取三配置。多重化的保护配置对测量装置及其对应的二次回路同样要求多重化配置。

（3）直流系统保护与直流系统控制的关系极为密切，有一些保护性的监控功能直接设计在直流控制功能中，以减少信号的传输和保证动作的快速，如换流变压器阀侧电压的限制保护、换流器大角度运行保护等；保护的出口逻辑更是离不开直流系统控制的闭锁功能。

（4）作为系统层面的保护，直流系统保护的出口逻辑较复杂。对于大容量直流联网系统，即便是单极停运，也会给送、受端的交流系统带来很大影响。因此，直流系统保护的出口逻辑需要慎而又慎。根据不同故障下系统的不同暂态特点，设计有不同的保护出口逻辑，总体分为三大类：

① 停运直流输电系统，即闭锁换流器，跳换流变压器进线断路器并启动失灵保护，

锁定断路器，这是直流系统保护的主要动作结果。由于换流原理的特性，仅闭锁换流器一项功能，就有不同的保护逻辑，通常包括立即脉冲闭锁、移相闭锁、移相投旁通对闭锁、直流低电压闭锁等，用于严重程度不同的故障，以及避免闭锁过程中产生的不正常的电压、电流应力。

② 减少直流输送功率，可以避免停运直流，同时降低大功率带给系统和设备的应力，如减少系统无功扰动、减少交流滤波器的负荷、降低换流器的结温等。

③ 移相再启动，用于直流线路瞬间故障、直流功率减为零的情况，之后直流输电系统自动恢复运行。

此外，由于与直流系统控制联系密切，一些保护监测量来自控制系统，对于一些时间来得及的故障，如换相失败保护、直流谐波保护等，应首先切换控制系统至热备用系统进行保护动作的确认，以确保保护动作正确。

2.4 直流输电系统保护动作策略

1. 告警和启动录波

使用灯光、音响等方式，提醒运行人员，注意相关设备的运行状况，采取相应的措施，自动启动故障录波和时间记录，便于识别故障设备和分析故障原因。

2. 控制系统切换

利用冗余的控制系统，极控系统由当前运行切换至备用系统，通过系统切换排除控制保护系统设备故障的影响。

3. 紧急移相

紧急移相是将触发角迅速增加到 90°以上，将换流器从整流状态变到逆变状态，以减少故障电流，加快直流系统能量释放，便于换流器闭锁。

4. 投旁通对

同时触发 6 脉动换流器接在同一相上的一对换流阀，称为投旁通对。投旁通对可以用于直流系统的解锁和闭锁；直流保护使用投旁通对形成直流侧短路，快速降低直流电压到零，隔离交直流回路，以便交流侧断路器快速跳闸。形成投旁通对的一种策略是：当收到投入旁通对命令时，保持最后导通的那个阀触发脉冲，同时发出与其同一相的另一个阀的触发脉冲，闭锁其他阀的触发脉冲。

5. 闭锁触发脉冲

闭锁换流器的触发脉冲，使换流器各阀在电流过零后关断，在双极都闭锁时，需要同时切除所有交流滤波器。

6. 极隔离

在一个极故障停运时，为了不影响另一极正常运行，便于停运极直流设备检修，需要同时断开停运极中性母线上的连接断路器和极线侧连接隔离开关，进行极隔离。

7. 极平衡

保护动作后，调整双极功率平衡运行，减小接地极电流。

8. 合站内接地开关

双极平衡运行，接地极发生故障，当双极不平衡电流小于规定时，合上站内接地开关短时代替接地极运行。

9. 跳交流侧断路器

换流变压器网侧通过交流断路器与交流系统相连。为了避免故障发展造成换流器或换流变压器损坏，一些保护在闭锁换流器的同时，跳开换流变压器进线断路器。

10. 直流系统再启动

为了减少直流系统停运次数，在直流线路发生闪络故障时，直流线路保护动作，启动再启动程序，将整流器控制角迅速增大到 120°～150°，变为逆变运行，使直流系统储存的能量很快向交流系统释放，直流电流迅速下降到零。等待一段时间，待短路弧道去游离后，再将整流器的触发角按一定速率逐渐减小，使直流系统恢复正常运行。

3 直流输电保护系统组成

直流的保护系统按照直流系统设计原则和配置要求，对直流保护系统的保护主机、测量设备和 I/O 单元的冗余结构、通信及接口系统等进行设计和配置。保护平台的硬件系统由保护主机和测量系统两部分构成，保护主机是平台的核心，由其中配置的多个主处理模块实现要求的保护功能，保护主机和测量系统之间通过 TDM 总线进行通信。保护平台软件功能包括直流控制保护功能、算术逻辑运算、I/O 功能、网络通信、服务诊断、特殊应用等，满足直流输电保护系统的要求。

AB 直流输电工程保护屏柜按极配置，每极配置三块极保护屏、一块极保护接口屏（两套保护）、两块直流滤波器保护屏，具体功能如下。

3.1 极保护

直流极保护按照三重化设计，每极配置三面屏（见图 3-1），AB 直流输电工程每站双极共配置六面屏柜。每重保护包含换流器保护、直流母线保护、双极中性线及接地极保护、直流线路保护以及开关保护等。每重保护具有其独立的、完整的硬件配置和软件配置，与其他各重保护之间在物理上和电气上完全独立，即有各自独立的电源回路、测量互感器的二次线圈、信号输入/输出回路、通信回路、主机，以及二次线圈与主机之间所有相关通道、装置和接口。出口回路均采用三取二逻辑，三套极保护系统分别将保护功能信号通过控制总线送至三取二逻辑，经逻辑判断后将保护动作信号通过控制总线传至极控系统，快速清除区域内的故障或不正常工况，保证直流系统的安全运行。

任意一重保护因故障、检修或其他原因而完全退出时，不影响其他各重保护，并对整个系统的正常运行没有影响。直流极保护的冗余配置保证在任何运行工况下其所保护的每一设备或区域都能得到正确保护。三重化的直流极保护按照三取二逻辑进行出口表决（见图 3-2），即一、二和三系统中两个系统的同一保护同时都有信号出口，即为系统出口信号。三套系统均正常时，直流保护系统的二取一出口逻辑回路被可靠闭锁，当任一套直流保护系统发生异常时（硬件故障、软件故障、测量故障、串行接口故障等），为了确保直流保护系统可靠出口，直流保护系统立即开放二取一出口逻辑。

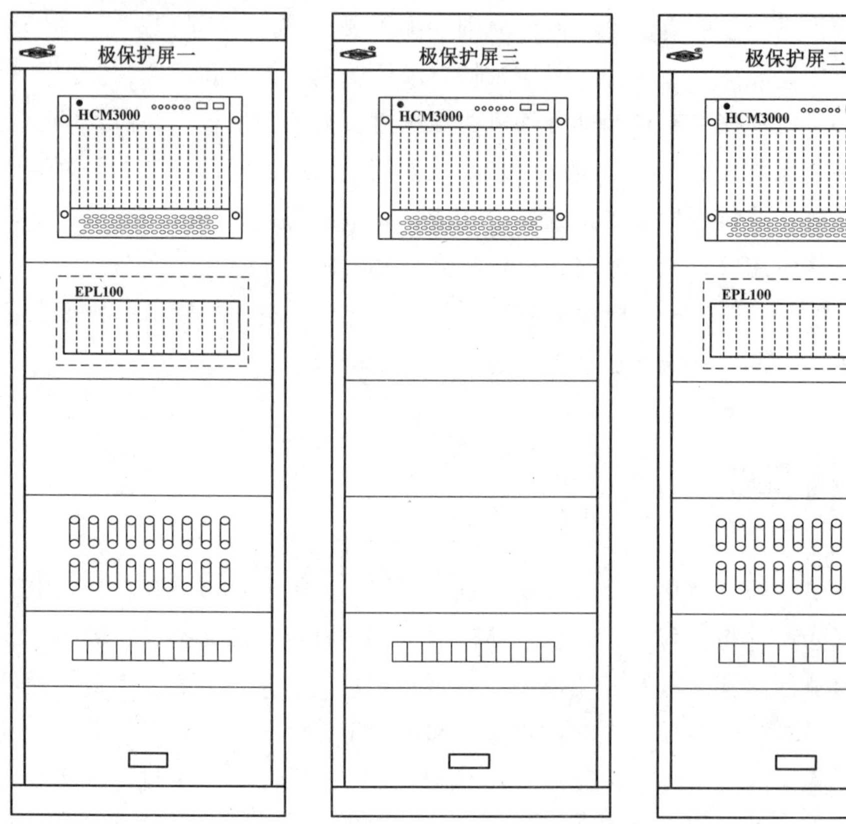

图 3-1　直流极保护系统屏柜布置示意图

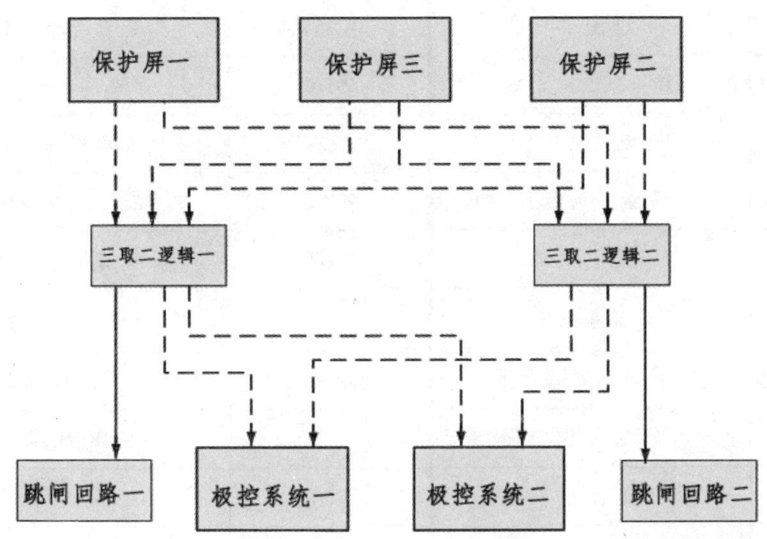

图 3-2　AB 直流极保护系统的三取二装置连接示意图

直流系统保护所覆盖的范围包括全部换流器单元、直流开关场（包括平波电抗器、直流滤波器、直流极线、极/双极中性母线，以及直流接地极线路和接地极）和直流输电线路。其中，直流场双极中性线和接地极线路是两个极的公用设备。上述区域内的所有设备都应得到保护，相邻保护区域之间应重叠，不存在保护死区。直流系统保护除保护设备外，还应承担交/直流系统的保护。

AB 直流极保护功能如表 3-1 所示。

表 3-1 AB 直流极保护功能

保护代码	保护名称	保护代码	保护名称
87CSY/87CSD	换流器短路保护	50C/51C	交直流过流保护
87CBY/87CBD	换流器交流差动保护	59DC	直流过压开路保护
87CFP	换相失败保护	59ACVW	换流器零序过压保护
87CG	阀组差动保护	59AC	交流过电压保护
87DCM	换流器差动保护	27AC	交流低电压保护
87HV	极母线差动保护	50/51CTNY、50/51CTND	换流变中性点直流饱和保护
87LV	中性母线差动保护	81_50 Hz	50 Hz 保护
87DCB	极差动保护	81_100 Hz	100 Hz 保护
87DCLL	直流线路纵联差保护	27DC	直流低电压保护
87DCLT	金属回线横差保护	81I/U	交直流碰线保护
87MRL	金属回线纵差保护	WFPDL	直流线路行波保护
87EB	双极中性线差动保护	27du/dt	直流线路电压突变量保护
87GSP	接地系统保护	27DCL	直流线路低电压保护
82MRTB	金属回线转换开关保护	60EL	接地极电流不平衡保护
82MRS	金属回线开关保护	76EL	接地极引线过负荷保护
82HSNBS	中性母线开关保护	59EL	接地极开路保护
82HSGS	高速接地开关保护	76SG	站内接地网过流保护

3.2 直流保护接口屏

直流保护接口屏汇集直流控制保护设备的所有跳闸信号，当任一套保护接口装置接收到任何一个外部跳闸信号，将启动极控 ESOF 顺控命令、跳开换流变压器进线开关、启动故障录波。每极配置一块极保护接口屏，屏内两套保护冗余配置，配置保护出口如表 3-2 所示。

表 3-2　直流保护接口屏配置的保护出口

主控楼火灾事故跳闸	紧急手动跳闸
阀冷系统 1 跳闸	阀冷系统 2 跳闸
VBE 系统 1 跳闸	VBE 系统 2 跳闸
VHA 系统 1 跳闸	VHA 系统 2 跳闸
极控 1　ESOF	极控 2　ESOF
交流站控 1 分裂母线跳闸	交流站控 2 分裂母线跳闸
极母线分压器跳闸	中性母线分压器跳闸
阀厅穿墙套管跳闸	站内最后线路跳闸（逆变运行投入）
站内最后断路器跳闸（逆变运行投入）	

3.3　直流滤波器保护

直流滤波器保护独立组屏，采用完全双重化配置，每个极配置两面屏（见图 3-3），每个站共四面屏柜。每重保护从启动到动作，从采样、保护逻辑到出口的硬件完全独立，只有启动通道开放，同时保护通道达到动作定值才会出口。任何单一元件的故障都不会引起保护的误动和拒动。每重保护具有独立的、完整的硬件配置和软件配置，每重保护之间在物理上和电气上完全独立，即有各自独立的电源回路、测量互感器的二次线圈、信号输入输出回路、主机，以及二次线圈与主机之间的所有通道、装置和接口。保护的冗余配置保证在任何运行工况下其所保护的每一设备或区域都能得到正确保护。

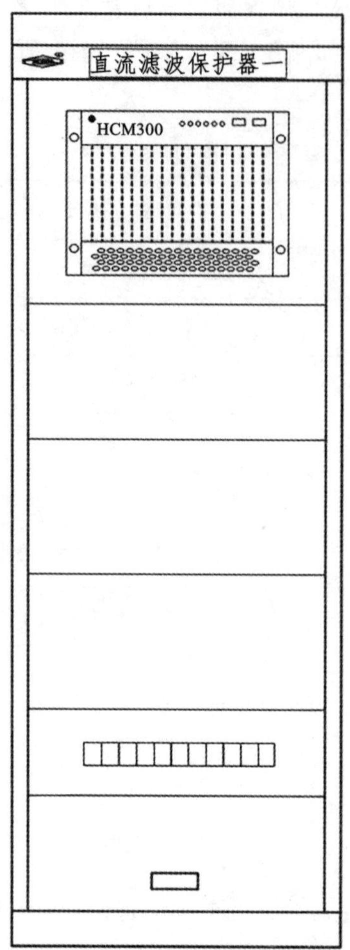

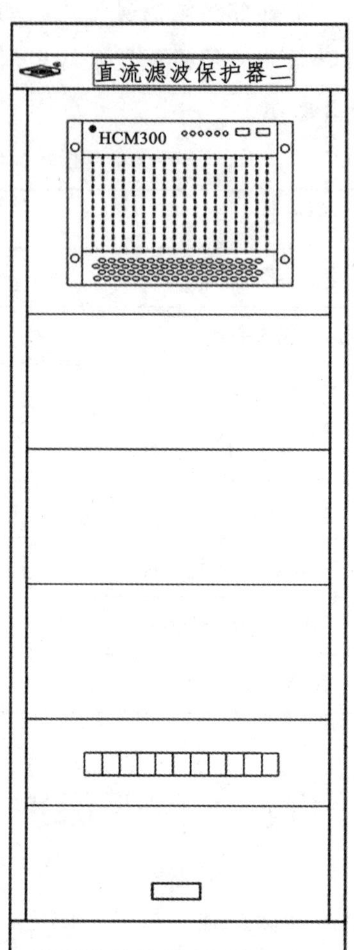

图 3-3　直流滤波器保护屏柜布置示意图

AB 直流滤波器保护功能如表 3-3 所示。

表 3-3　直流滤波器保护功能

保护代码	保护名称	保护代码	保护名称
87DF	直流滤波器差动保护	60/61DF	直流滤波器 C1 不平衡保护
51DF	直流滤波器反时限过流保护	49/59DF	直流滤波器 C1 过负荷保护

4 直流输电保护整定逻辑分析

4.1 直流系统保护的主/备保护配置分析

直流极/双极保护、换流变压器保护、直流滤波器保护和交流滤波器保护每一重冗余的保护都配置完整的主保护和后备保护。主保护是满足直流系统和设备安全要求，以最快速度有选择地切除被保护设备和线路故障的保护。后备保护是主保护或断路器拒动时，用以切除故障的保护。在时间配合上，后备保护比主保护动作时间要长。后备保护原理一般有两种类型：

（1）与主保护采用不同的检测原理，检测故障时具有不同特征的物理量。如阀短路保护的后备保护是过电流保护。阀短路的判断是换流变压器阀侧电流远大于直流电流，动作时间在 1 ms 之内。当整流侧发生阀短路时，换流变压器阀侧电流急剧增大，因此将过电流保护作为阀短路的后备保护，其快速段的动作时间比阀短路时间稍长，为 2 ms；其慢速段针对不同故障程度，延时时间因过流大小不同为几百毫秒到几分钟不等，因此它既可作为阀短路保护的后备保护，又可对其他产生低过电流应力的故障进行设备保护。

（2）与主保护采用相同的检测原理，但覆盖范围更大，定值相对较低，动作时间较长。例如，站内极母线区、阀区和中性母线区分别配置了极母线差动保护、换流阀差动保护和中性母线差动保护，分别检测出三个区域的接地故障，检测原理为故障区域两侧 TA 电流的差值，保护动作时间为几毫秒。为了防止上述主保护的拒动，还配置了可作为后备保护的极差保护。极差保护的覆盖范围更大，包含了极母线区、阀区和中性母线区三个区域，通过检测直流极线电流和中性母线的差值判断是否发生区内接地故障，动作时间为快速段为 60 ms，慢速段为 900 ms。

对于直流系统保护，由于范围大、设备相对复杂，在采用不同原理或扩大范围的保护作为后备保护的同时，还充分利用保护系统的冗余配置互为备用，进一步提高了系统的可靠性。

4.2 直流控制保护与交流保护配合

交流系统侧故障，交流系统侧快速保护切除故障，直流控制系统应保持直流输电系统平稳运行，避免直流闭锁。

交流系统侧线路快速保护不需与换流站内保护配合；后备保护与换流变压器快速保护配合。

直流输电系统故障时，直流控制保护系统应起到快速控制、调节的作用。直流快速保护及时清除故障，交流保护不应动作。

直流系统出现超出设计的过负荷，交、直流保护及直流控制系统动作的优先顺序如下：

（1）按照直流极控过负荷特性曲线调节换流器触发角。

（2）直流保护的交流过流保护动作。

（3）换流变的过负荷保护动作。

换流站交流母线电压异常时，交、直流保护及直流控制系统动作的优先顺序如下：

（1）直流控制调节换流器触发角。

（2）直流控制调节换流变的分接头。

（3）交流滤波器投切。

（4）交流系统保护的过电压或低电压保护动作。

（5）直流保护的交流过电压或低电压保护动作。

换流站内非电气量保护不需与交流输电侧系统保护配合。

4.3 换流器保护逻辑分析

4.3.1 换流器短路保护（87CSY/87CSD）

换流器短路保护测量换流变压器 Y 绕组和 D 绕组电流、换流器高压端直流电流以及换流器低压端直流电流。正常运行时，这些电流是平衡的。当换流器发生故障时，如一个阀短路将引起很高的交流电流，当另一个阀被触发，就形成了一个相间短路，反向电流会流过故障阀。当换向阀在最小触发角触发时，故障电流最大。当逆变侧发生阀短路时，由于故障回路中增加平波电抗器和线路的阻抗，故障电流相对于整流侧小得多。换流器短路保护用以检测换流器发生阀短路故障、阀接地故障、直流侧出口故障、交流侧接地故障、相间故障以及逆变侧的换相失败，以换流器阀侧电流及换流器高、低压端电流作为动作判据。逻辑框图如图 4-1 所示。

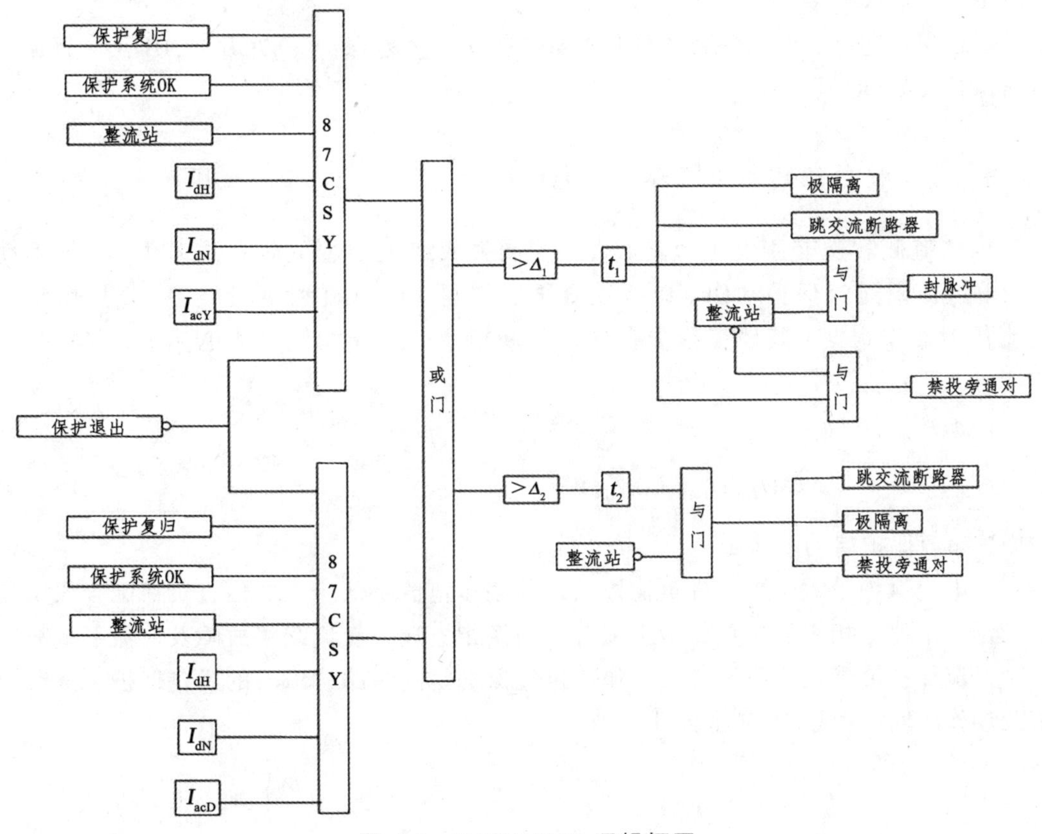

图 4-1 87CSY/CSD 逻辑框图

保护动作方程式如下：

$$\text{Y桥：} I_{acY} - \min(I_{dH}, I_{dN}) \geqslant \Delta \quad (4\text{-}1)$$

$$\text{D桥：} I_{acD} - \min(I_{dH}, I_{dN}) \geqslant \Delta \quad (4\text{-}2)$$

式中，Δ为保护电流定值。

整流侧与逆变侧的保护定值整定不同，整流侧只有Ⅰ段快速段，逆变侧分为Ⅰ段快速段和Ⅱ段慢速段，动作时禁投旁通对。

Ⅰ段保护为快速段，需躲过区外故障时测量回路的最大不平衡电流，通过仿真试验确定，取值 $\Delta_1 = 1.7\ \text{p.u.} = 1.7 \times 3000\ \text{A} = 5100\ \text{A}$，本故障是换流器最严重的故障，延时 $t_1 = 0\ \text{ms}$。

Ⅱ段保护为慢速段，仅在逆变侧投入，在躲过系统短时过负荷情况下的测量误差前提下，通过仿真试验确定，取 $\Delta_2 = 0.5\ \text{p.u.} = 0.5 \times 3000\ \text{A} = 1500\ \text{A}$，保护延时由阀组性能决定，延时 $t_2 = 30\ \text{ms}$。

后备保护包括：交直流过流保护（50/51C）、桥差保护（87CBY/CBD）、直流低电压保护（27DC）。

4.3.2　换流器过流保护（50/51C）

当整流侧和逆变侧发生短路故障、控制失效或短期过负荷时，其他主保护不动作时，换流器过流保护动作。以换流变压器阀侧交流电流和换流器高、低压侧直流电流作为动作判据（其他工程中存在仅判断换流变压器阀侧交流电流）。逻辑框图如图 4-2 所示。

保护判据如下：

$$\max(I_{acY}, I_{acD}, I_{dH}, I_{dN}) \geqslant \Delta \quad (4\text{-}3)$$

式中，Δ为保护启动电流定值。

过电流保护段数不少于过负荷段数，其动作定值不低于 1.1 倍过负荷配合段电流值，延时定值与相应的过负荷能力配合。当换相失败、直流线路故障及交流系统故障时，过流保护最高定值段不应该动作。过流保护是阀短路故障时的后备保护，此时定值及动作时间需根据 DPT 仿真计算确定。

AB 直流的过流保护分为四段：

Ⅰ段：$\Delta_1 = 3.7\ \text{p.u.}(11\,100\ \text{A})$　　$t_1 = 2\ \text{ms}$。

Ⅱ段：$\Delta_2 = 2.1$ p.u.(6300 A)　　$t_2 = 100$ ms 。

Ⅲ段：$\Delta_3 = 1.55$ p.u.(4650 A)　　$t_{31} = 700$ ms 切系统，$t_{32} = 1000$ ms 跳闸。

Ⅳ段：$\Delta_4 = 1.40$ p.u.(4200 A)　　$t_{41} = 4000$ ms 切系统，$t_{42} = 5000$ ms 跳闸。

保护Ⅰ段反应阀组故障，保护Ⅱ段与阀承受能力配合，保护Ⅲ段与秒级过负荷相配合，保护Ⅳ段与小时过负荷相配合。

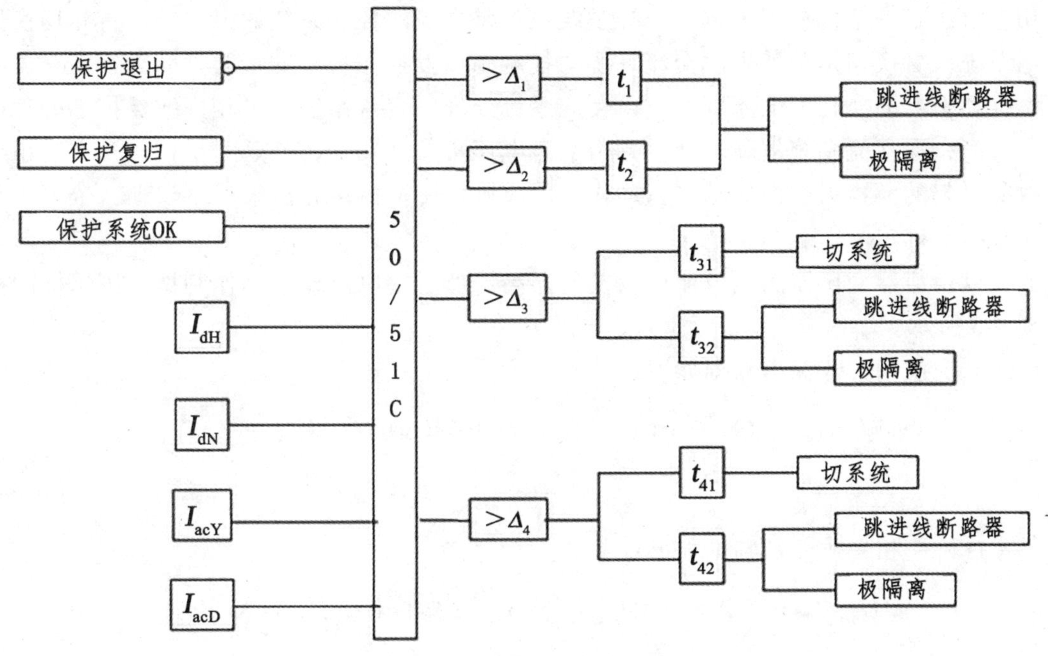

图 4-2　50/51C 逻辑框图

该保护作为其他保护的后备保护，只有在相应保护不动作的情况下才出口动作，因此保护定值较小，相应的延时均较大。在换流变压器桥侧短路、换流器内部短路、换流器故障、直流母线短路、直流线路故障等情况下，相应的主保护由于某种原因不能动作时，该保护会动作，使交直流系统隔离，以避免换流器遭受过长时间的应力而损坏。

对逆变侧，除换流变压器桥侧短路会出现换流变交流电流增大外，其他故障均不会有交流侧过流。所以保护只在换流变压器桥侧短路时主保护不动作的情况下动作出口。

后备方式：冗余系统中的本保护。

4.3.3 换相失败保护（87CFP）

换相失败用于检测交流系统故障或其他异常换相条件引起的换相失败故障，仅在逆变站投入。换相失败是晶闸管至今不能避免的一个缺陷，它是晶闸管元件需要恢复阻断期的固有特性所致。换相失败保护首先判断换相失败是否由控制系统故障引起，直流输电系统运行过程中发生换相失败，系统首先判断是单桥换相失败还是任一桥换相失败。若是单桥换相失败，极控系统认为是本极的控制系统故障引起，首先切换控制系统，看换相是否消失。交流系统的扰动是引发换相失败的最常见的因素，交流系统扰动引发的换相失败原则上应由交流系统处理，直流系统的换相失败保护不处理此类故障，在交流系统故障时间，判断交流电压 $U_{ac}<0.7\text{p.u.}$，长延时出口避开交流系统故障引起的换相失败保护动作，动作延时应确保交流侧单相故障时不误动，依据仿真试验结果确定。

以换流器变压器阀侧电流以及换流器高、低压端电流作为动作判据，逻辑框图如图 4-3 所示。

Y 桥换相失败保护判据如下：

$$\max(I_{dH},I_{dN})-I_{acY}\geqslant\max(I_{dH},I_{dN})\times K_1+\varDelta\,\&\,\max(I_{dH},I_{dN})\times K_2>I_{acY} \tag{4-4}$$

D 桥换相失败保护判据如下：

$$\max(I_{dH},I_{dN})-I_{acD}\geqslant\max(I_{dH},I_{dN})\times K_1+\varDelta\,\&\,\max(I_{dH},I_{dN})\times K_2>I_{acD} \tag{4-5}$$

式中，$\varDelta$为保护启动电流门槛值；K_1为电流比例系数；K_2为阀侧电流启动系数。K_1、K_2考虑直流系统短时过负荷工况下两测量回路产生的最大不平衡电流以及测量设备的误差，根据仿真试验结果，本保护 K_1=0.1，$\varDelta=0.07\text{p.u.}=0.1\times3000\text{ A}=210\text{ A}$，$K_2$=0.65 A。

单桥换相失败：脉冲展宽 150 ms，400 ms 切换控制系统，650 ms 跳闸，交流系统发生低电压时（$U_{ac}<0.7\text{p.u.}$）闭锁单桥换相失败段。

任一桥换相失败：以便在逆变侧发生阀组接地短路故障时快速出口，配置了快速段和慢速段。快速段：脉冲展宽 500 ms，1800 ms 切换控制系统，2600 ms 跳闸；慢速段：脉冲展宽 2500 ms，7000 ms 切换控制系统，10 000 ms 跳闸。

后备保护为：桥差保护（87CBY/87CBD）、组差保护（87CG）、50 Hz 保护（81_50 Hz）。

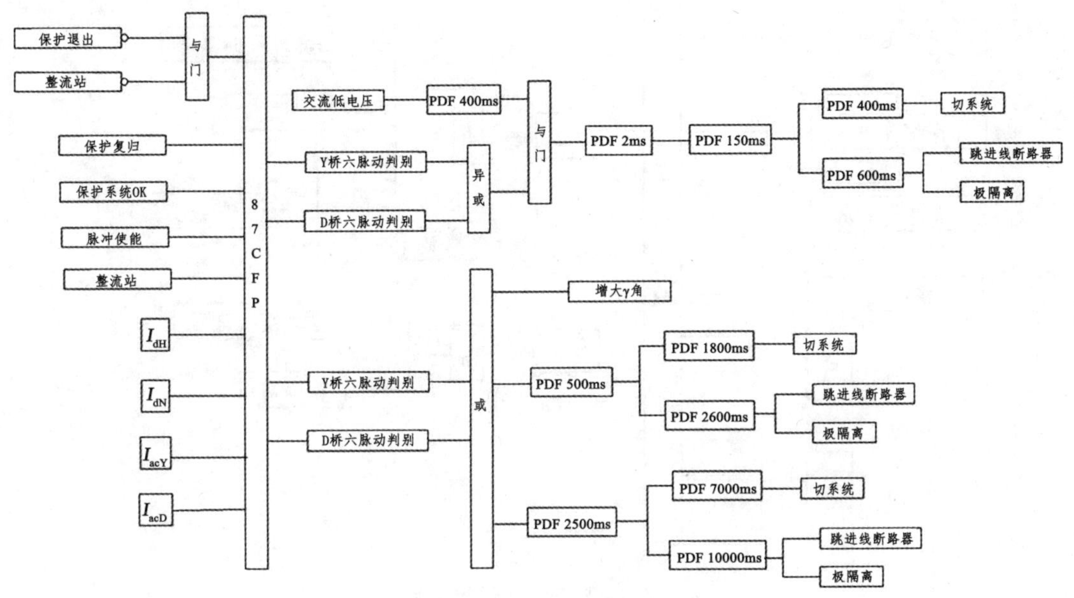

图 4-3　87CFP 逻辑框图

4.3.4　换流器差动保护（87DCM）

换流器差动保护检测换流器区内发生接地故障，即高低压端直流分流器内发生的接地故障。直流输电系统正常运行时换流器高、低压端直流电流相等，出现换流器内部接地故障后，将由部分电流通过接地点，换流器高、低压端电流不再相等，本保护以换流器高、低压端电流作为动作判据，逻辑框图如图 4-4 所示。

动作方程如下所示：

$$\left|I_{dH}-I_{dN}\right| \geqslant \max(\Delta, K_{\_set} \times \max(I_{dH}, I_{dN})) \tag{4-6}$$

式中，Δ为保护启动定值；$K_{_set}$为比例系数；

考虑制动特性时，$K_{_set}$的整定考虑躲过区外最严重故障时两测量回路产生的最大不平衡电流，根据 DPT 试验结果 $K_{\_set}$=0.15；启动定值需要躲过最大穿越电流时的测量误差，最大穿越电流可按高压母线故障时的电流考虑，根据其他保护配合关系和仿真试验，换流器差动保护设置两段。

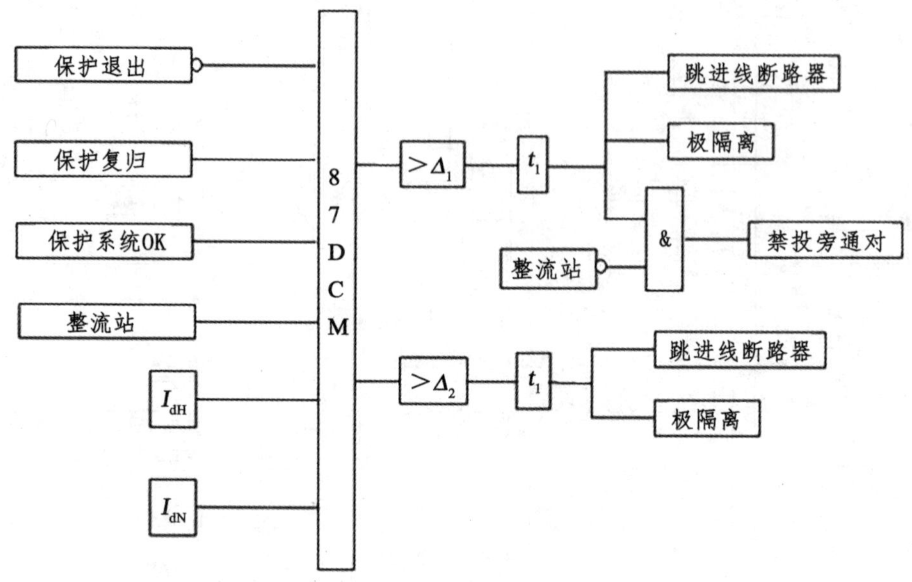

图 4-4　87DCM 逻辑框图

Ⅰ段：$\Delta_1 = 0.2\ \text{p.u.} = 0.2 \times 3000\ \text{A} = 600\ \text{A}\ \ k_{\_set} = 0.15\ \ t_1 = 5\ \text{ms}$

Ⅱ段：$\Delta_2 = 0.05\ \text{p.u.} = 0.05 \times 3000\ \text{A} = 150\ \text{A}\ \ k_{\_set} = 0.15\ \ t_2 = 150\ \text{ms}$

后备保护：极差动保护（87DCB）、直流低电压保护（27DC）。

4.3.5　换流器交流差动保护（87CBY/87CBD）

换流器交流差动保护包括换流变压器 Y 绕组、D 绕组连接的交流差动保护。直流系统正常运行情况下，换流变压器星侧电流 I_{acY} 与换流变压器角侧的电流 I_{acD} 相等，若某个桥发生换流器发生阀持续触发异常和换相失败，则电流不再相等，保护动作出口，保护以换流变压器阀侧电流作为动作判据，逻辑框图如图 4-5 所示。

动作方程如下：

$$\max(I_{acY}, I_{acD}) - I_{acY} \geqslant \Delta \tag{4-7}$$

$$\max(I_{acY}, I_{acD}) - I_{acD} \geqslant \Delta \tag{4-8}$$

式中，Δ为保护启动电流定值。

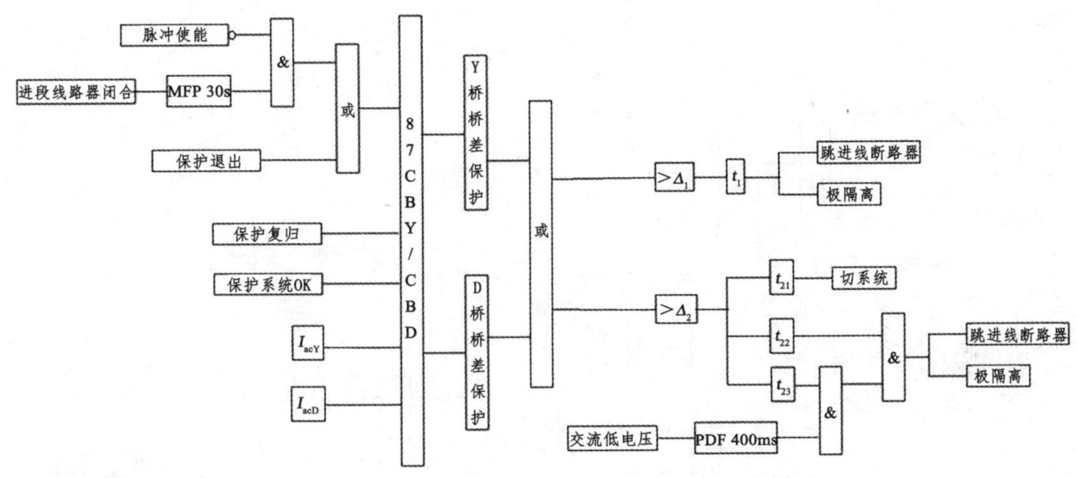

图 4-5　87CBY/CBD 逻辑框图

换流器交流差动保护通常采用两段。

Ⅰ段保护启动定值考虑躲过换流器及直流场故障时的最大故障电流（$6.0\text{p.u.}=6\times3000\ \text{A}=18\ 000\ \text{A}$）对应的测量误差，同时确保整流侧及逆变侧发生阀误触发时有足够灵敏度。AB 直流工程换流器差动保护不同于其他直流工程的换流器差动保护，不是采取Ⅰ段动作后降功率，而是直接紧急停机，设定的启动定值相对较高，$\Delta_1=0.4\text{p.u.}=0.4\times3000\ \text{A}=1200\ \text{A}$。Ⅰ段保护动作延时必须满足大负荷下连续换相失败时动作时间不快于极控切换动作时间，Ⅰ段延时 $t_1=200\ \text{ms}$。

Ⅱ段保护启动值考虑躲过直流系统短时过负荷对应的测量误差，同时应低于最小工作电流，$I_{set}=0.07\text{p.u.}=0.07\times3000\ \text{A}=210\ \text{A}$。Ⅱ段的延时 1 取 $t_{21}=150\ \text{ms}$，切换极控系统；延时 2 在交流电压正常时（$U_{ac}<0.7\text{p.u.}$）延时定值需要躲过控制系统切换时间，取 $t_{22}=200\ \text{ms}$；在交流电压异常时（$U_{ac}<0.7\text{p.u.}$）延时定值需要躲开交流系统近后备保护动作时间及故障恢复时间，本保护取 $t_{23}=2300\ \text{ms}$。

后备保护：50 Hz 保护（81_50 Hz）、换相失败保护（87CFP）。

4.3.6　阀组差动保护（87CG）

换流器阀组差动保检测逆变侧的换相失败和阀区故障,直流系统正常运行情况下，换流器高、低压端和换流变阀侧电流相等，若某个桥发生换流器发生阀持续触发异常和换相失败，则换流器高低压端电流和换流变压器阀侧电流不再相等，该保护取换流器高压端的电流和低压端的电流的小值与换流变压器阀侧电流相减,逻辑框图如图 4-6

所示。

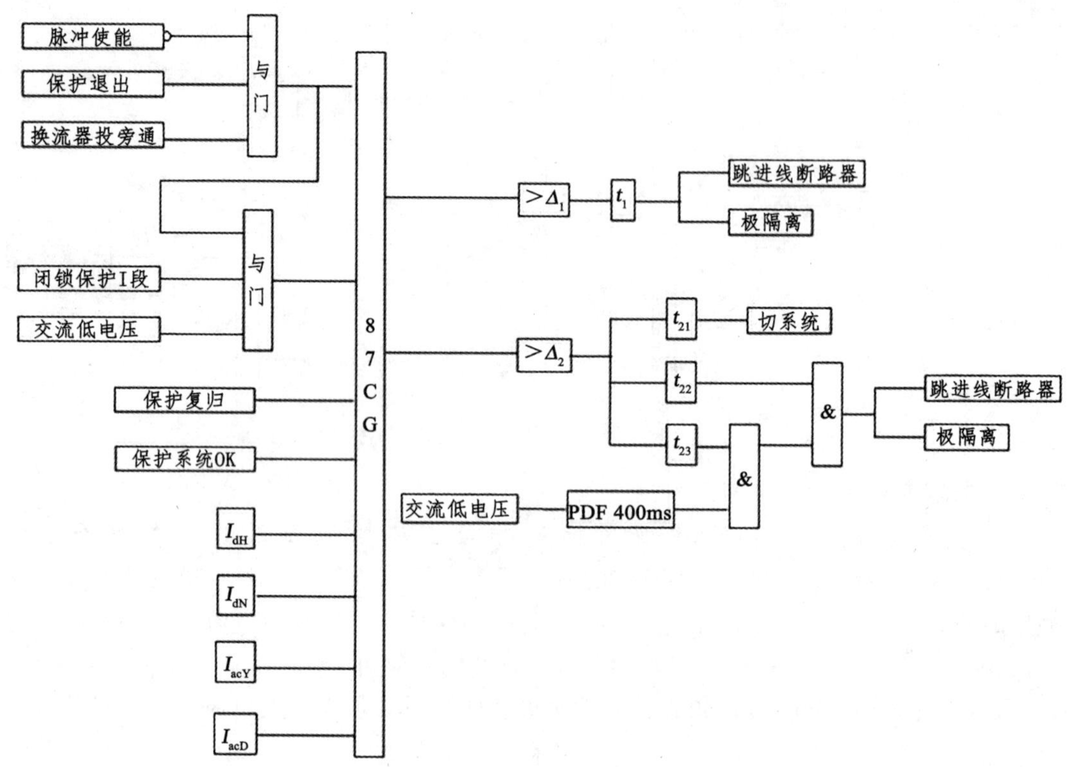

图 4-6　87CG 逻辑框图

动作方程如下：

$$\text{Y 桥：}\min(I_{dH}, I_{dN}) - I_{acY} \geqslant \Delta \tag{4-9}$$

$$\text{D 桥：}\min(I_{dH}, I_{dN}) - I_{acD} \geqslant \Delta \tag{4-10}$$

式中，Δ为保护启动电流定值。

换流器交流差动保护通常采用两段。

Ⅰ段保护启动定值考虑躲过换流器及直流场故障时的最大故障电流（$6.0\text{p.u.} = 6\times3000\ \text{A} = 18\ 000\ \text{A}$）对应的测量误差，同时确保逆变侧发生阀误触发时有足够灵敏度。本保护Ⅰ段主要针对逆变侧换流阀的出口短路故障，$\Delta_1 = 0.5\text{p.u.} = 0.5\times3000\ \text{A} = 1500\ \text{A}$，动作快速出口，延时 $t_1 = 30\ \text{ms}$。

Ⅱ段保护启动值考虑躲过直流系统短时过负荷对应的测量误差，同时应低于最小工作电流，$\Delta_2 = 0.07\text{p.u.} = 0.07 \times 3000\text{ A} = 210\text{ A}$。Ⅱ段切换极控系统延时 $t_{21} = 150\text{ ms}$，在交流电压正常时出口延时定值需要躲过控制系统切换时间，取 $t_{22} = 200\text{ ms}$；在交流电压异常时（u_{ac}<0.7p.u.），出口延时定值需要躲开交流系统近后备保护动作时间及故障恢复时间，取 $t_{23} = 2300\text{ ms}$。

后备保护：直流低电压保护（27DC）。

4.3.7 换流器零序过压保护（59 ACVW）

换流阀未解锁时发生单相对地故障，换流器零序过压保护动作，避免换流器在交流系统存在接地故障时解锁，否则解锁即发生阀短路故障，保护动作后禁止换流阀解锁。本保护仅在直流输电系统未解锁时投入，直流输电系统正常运行时该保护退出。由换流变压器阀侧绕组电压的零序分量构成动作判据。逻辑框图如图 4-7 所示。

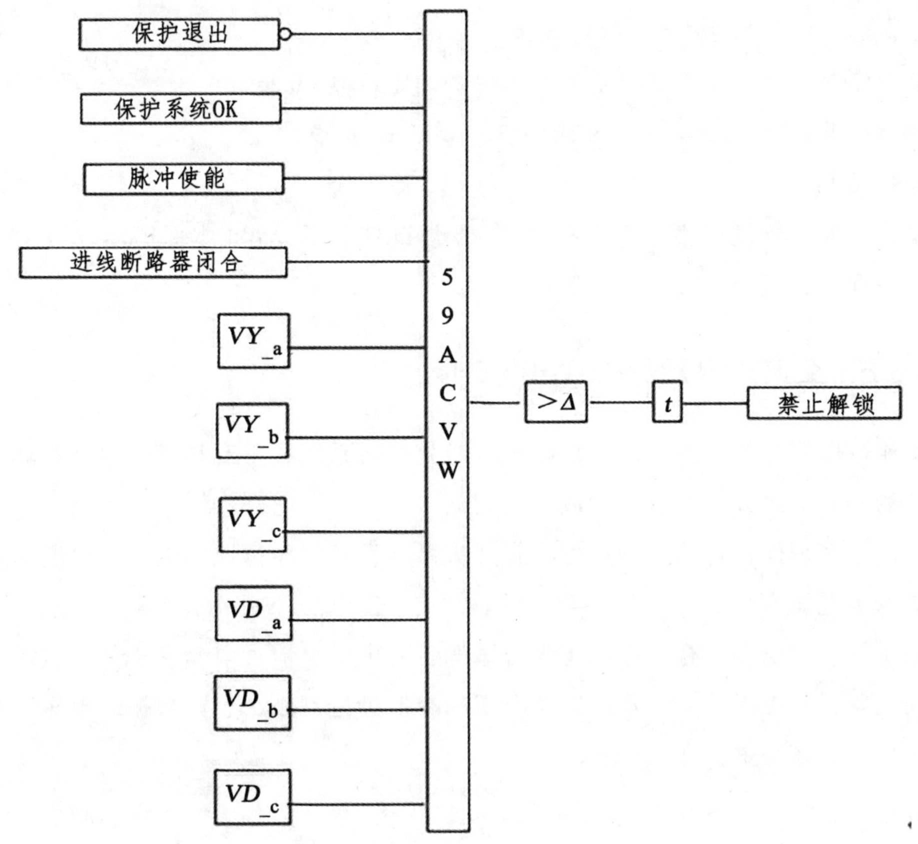

图 4-7　59 ACVW 逻辑框图

动作方程式如下：

$$\left|U_{\mathrm{VY\_a}}+U_{\mathrm{VY\_b}}+U_{\mathrm{VY\_c}}\right|>\varDelta \tag{4-11}$$

$$\left|U_{\mathrm{VD\_a}}+U_{\mathrm{VD\_b}}+U_{\mathrm{VD\_c}}\right|>\varDelta \tag{4-12}$$

式中，$\varDelta$为零序电压启动定值。

其中电压定值可由式（4-13）得到：

$$3\times K_{\mathrm{er}}\times U_{\mathrm{VNOM}}<\varDelta<3\times K_{\mathrm{rel}}\times U_{\mathrm{0K}} \tag{4-13}$$

式中，K_{er}为测量误差，取 0.1；K_{rel}为可靠系数，取 0.6 ~ 0.7；U_{VNOM}为阀侧额定电压；U_{0K}为单相接地产生的最大零序电压。

综合考虑，结合仿真试验结果，本保护的定值$\varDelta=0.2\text{p.u.}$。

整流站侧：$\varDelta=0.2\text{p.u.}=0.2\times 210/\sqrt{3}\times\sqrt{2}\ \text{kV}=34.29\ \text{kV}$。

逆变站侧：$\varDelta=0.2\text{p.u.}=0.2\times 204.9/\sqrt{3}\times\sqrt{2}\ \text{kV}=33.96\ \text{kV}$。

动作延时应躲过交流系统故障时间，根据 DPT 试验结果，本保护延时$t=1500\ \text{ms}$。

后备保护：冗余系统中的本保护。

4.3.8　交流过电压保护（59 AC）

交流过电压保护检测交流系统电压，避免交流系统异常升高导致设备损坏，由交流电压的相间电压和相地电压构成动作判据。

交流过电压保护定值与动作延时与交流系统设备耐压情况、最后一个断路器跳闸后交流场的过压水平（仅逆变站）、孤岛方式下过电压控制要求相配合，并与交流系统过电压保护定值相配合。在 AB 直流输电工程中，交流过电压保护为适应不同的工况分为四段，其中Ⅰ、Ⅱ、Ⅲ段以相电压的峰值进行判断，Ⅳ段根据线电压的基波分量进行判断，逻辑框图 4-8 所示。

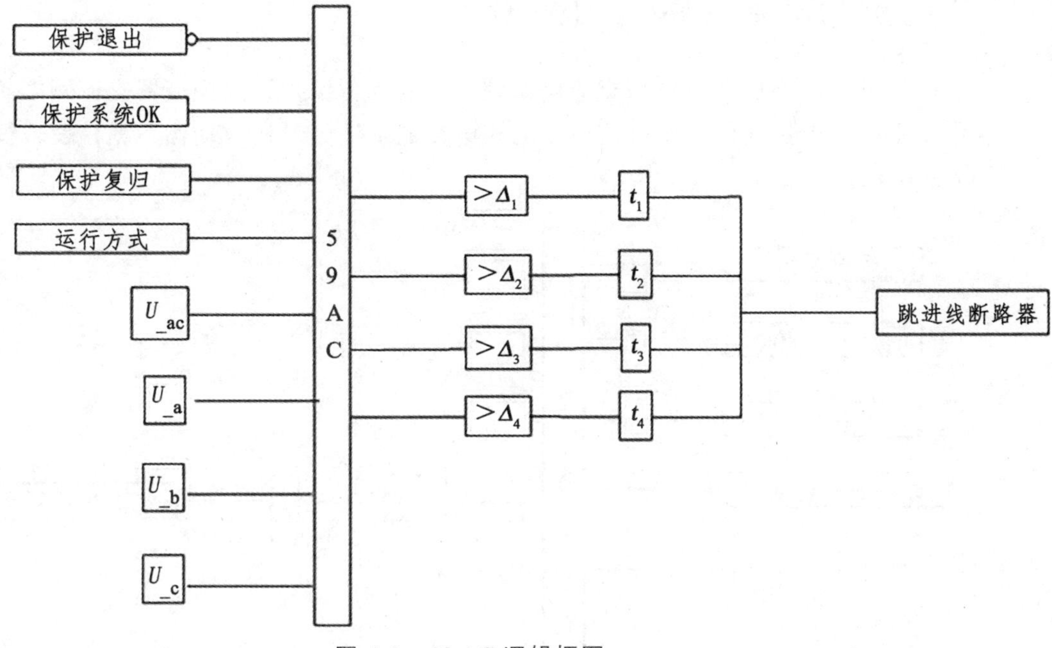

图 4-8　59 AC 逻辑框图

动作方程式如下：

Ⅰ、Ⅱ、Ⅲ段：

$$\max(U_{\mathrm{a}},U_{\mathrm{b}},U_{\mathrm{c}})>\Delta \tag{4-14}$$

Ⅰ段过电压定值，$\Delta_1=0.883\ 9\ \text{p.u.}=0.8839\times428.61\ \text{kV}=378.9\ \text{kV}$，延时 $t_1=800\ \text{ms}$。

Ⅱ段过电压定值，$\Delta_2=0.989\ 9\ \text{p.u.}=0.9899\times428.61\ \text{kV}=424.3\ \text{kV}$，延时 $t_2=250\ \text{ms}$。

Ⅲ段过电压定值，$\Delta_3=1.096\ \text{p.u.}=1.096\times428.61\ \text{kV}=469.8\ \text{kV}$，延时 $t_3=180\ \text{ms}$。

Ⅳ段与Ⅰ、Ⅱ、Ⅲ段不同，保护系统根据测量的交流系统相电压计算交流系统的正序基波线电压，根据其进行判断。

$$U_{\mathrm{ac\_psf}}>\Delta_4 \tag{4-15}$$

式中，$U_{\mathrm{ac_psf}}$为正序基波线电压。

根据 DPT 试验结果，Ⅳ段过电压保护定值 Δ_4=1.65p.u.=1.65 × 525 kV=866.25 kV，t_4=10 ms。

后备保护：冗余系统中的本保护。

4.3.9 交流低电压保护（27 AC）

交流低电压保护主要作为交流侧系统故障的后备保护，当换流器交流侧电压低于正常水平时，保护动作。由交流电压的相电压的基波分量构成动作判据，逻辑框图如图 4-9 所示。

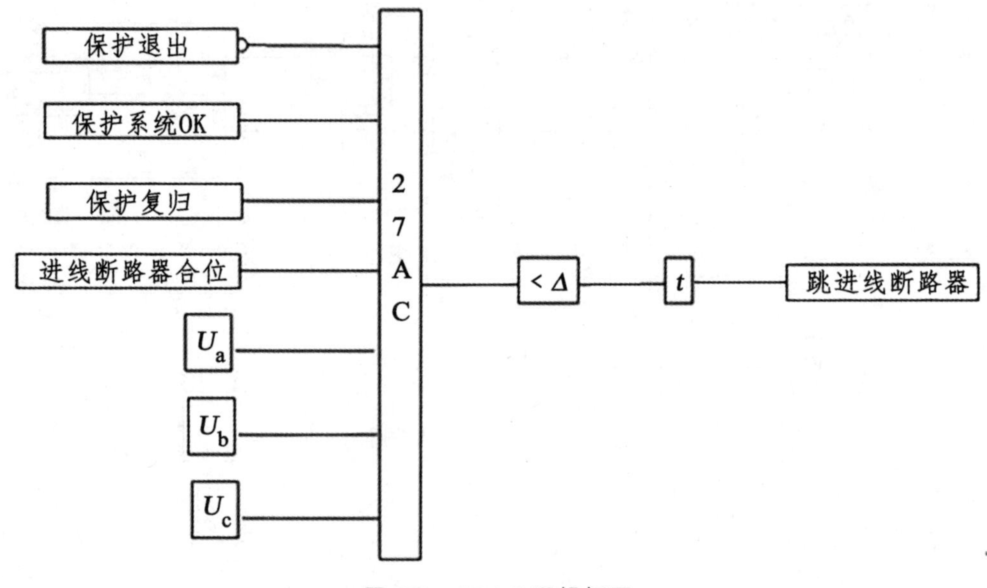

图 4-9　27 AC 逻辑框图

动作方程式如下：

$$\max(U_a, U_b, U_c) < \Delta \tag{4-16}$$

式中，Δ为电压定值。

电压定值低于正常运行中的持续低电压，结合以往工程经验和 DPT 试验结果，即

$$\Delta = 0.5 \times 525/\sqrt{3}\ \text{kV} = 151.55\ \text{kV}$$

动作延时应大于交流系统故障持续时间，与交流系统后备距离Ⅱ段切除故障的时间相配合，与交流系统故障恢复时间相配合，本保护延时 $t = 4000$ ms 。

后备保护：冗余系统中的本保护。

4.3.10 直流过电压/开路保护（59/37DC）

直流输电设备的过电压超过承受能力时直流过电压保护动作，避免直流设备因意外断线、逆变器非正常闭锁和控制系统故障引起的过电压损坏。直流过电压针对开路过电压和系统正常运行过电压分别进行配置，直流过电压保护采集直流线路电压和中性母线电压构成动作判据，逻辑框图如图 4-10 所示。

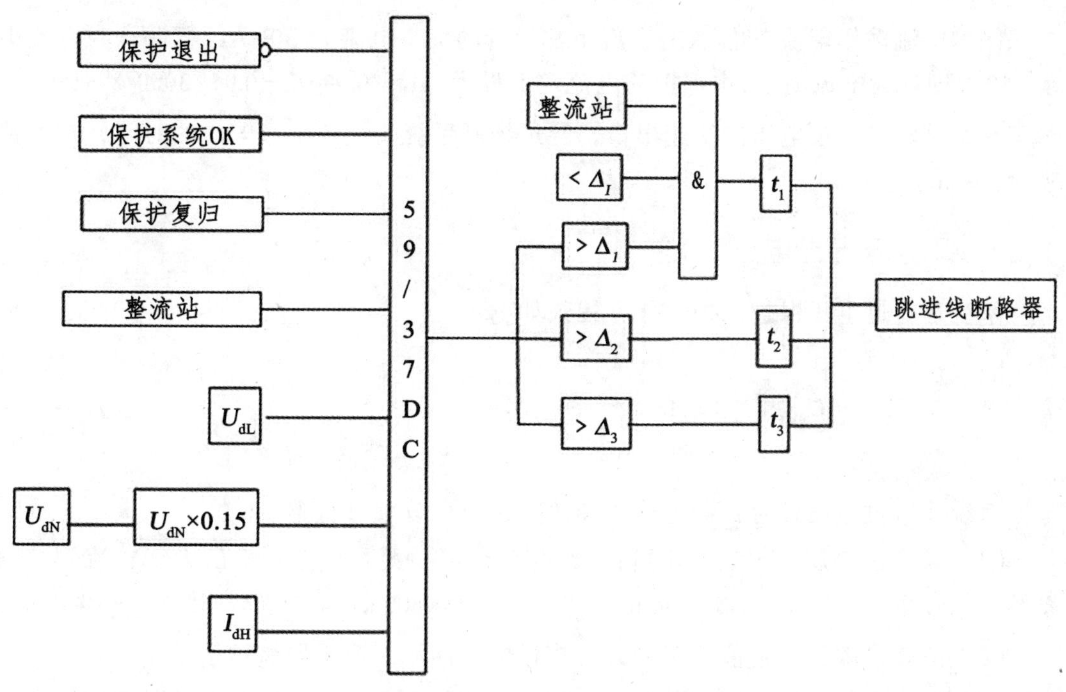

图 4-10 59/37DC 逻辑框图

1. 开路过电压

考虑开路试验时直流电压可能较高，保护定值整定需要考虑开路试验的过压情况。开路试验的过电压保护动作方程式如下：

$$|U_{dL}-U_{dN}|>\Delta_1 \,\&\, |I_{dL}|<\Delta_I \tag{4-17}$$

式中，Δ_1 为过电压动作定值；Δ_I 为直流线路电流定值。

保护电压动作定值可由式（4-18）计算如下：

$$\Delta_1 = K_{ov} \times U_{dLN} \tag{4-18}$$

式中，K_{ov} 为过电压倍数，取值根据 AB 直流工程的绝缘配合报告确定取 1.03p.u.。

$$\Delta_1 = K_{ov} \times U_{dLN} = 1.03 \times 500\ \text{kV} = 515\ \text{kV}$$

保护电流动作定值考虑 AB 直流正常运行的最小电流为 300 A，程序认为电流小于 150 A 即认为电流为零，本保护的电流定值设为：$\Delta_I = 0.05\text{p.u.} = 0.05 \times 3000\ \text{A} = 150\ \text{A}$。对于开路试验发生过电压应快速出口，躲过控制系统闭锁产生过电压的时间，本保护延时 $t_1 = 40\ \text{ms}$。

2. 系统运行过电压

系统运行过电压保护保护动作方程式如下：

$$\left| U_{dL} - U_{dN} \right| > \Delta_2 \tag{4-19}$$

系统运行过电压针对长期过电压和故障过电压分别进行整定。

（1）长期过电压：定值大于可持续的直流电压+测量误差，电压大于整流侧控制系统开始控电压 1.03 p.u.，取 1.04 p.u.，即 $\Delta_2 = 1.04 \times 500\ \text{kV} = 520\ \text{kV}$，延时 $t_2 = 1000\ \text{ms}$。

（2）故障过电压：定值大于最大暂态过电压而小于避雷器保护水平（881 kV），根据 DPT 试验的结果，本保护 $\Delta_3 = 1.55\ \text{p.u.} = 1.55 \times 500\ \text{kV} = 775\ \text{kV}$，延时大于暂态过电压持续时间，本保护延时 $t_3 = 40\ \text{ms}$。

（3）后备保护：冗余系统中的本保护。

4.3.11　直流低电压保护（27DC）

直流低电压保护是换流器高压端直流对地或中性母线短路故障的后备保护，由直流线路电压构成动作判据，逻辑框图如图 4-11 所示。

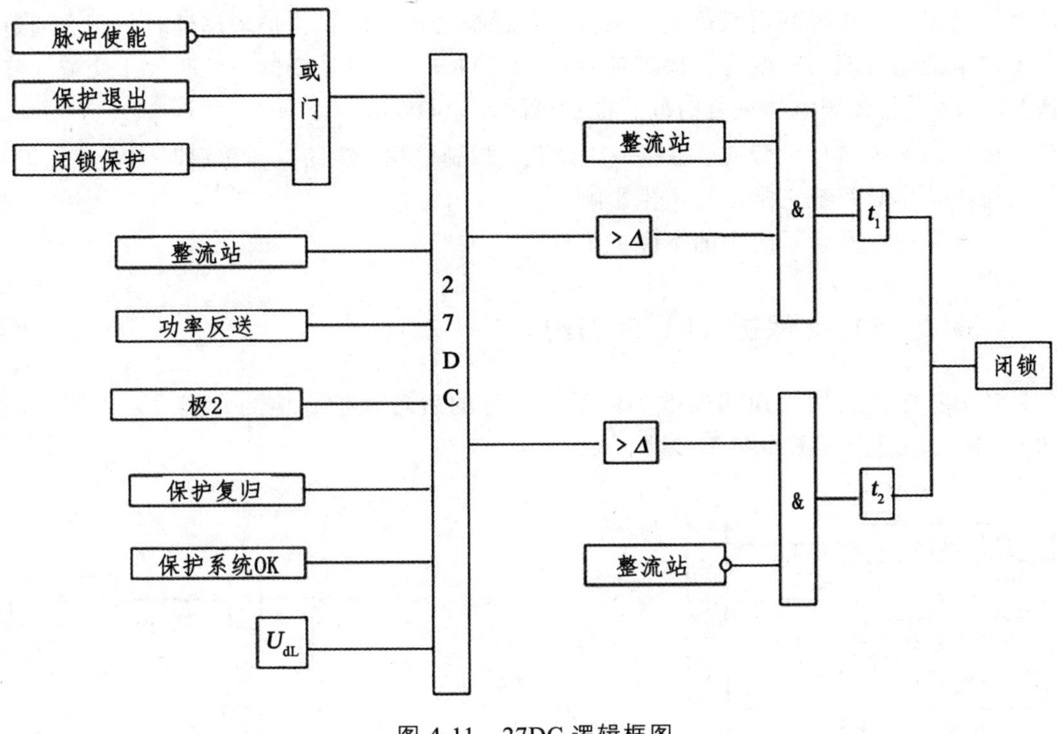

图 4-11　27DC 逻辑框图

保护动作方程如下：

$$|U_{dL}| \leqslant \Delta \tag{4-20}$$

式中，Δ为低电压启动定值。

保护动作定值可由式（4-21）计算得出：

$$\Delta = K_{rel} \times (1 - K_{er}) \times U_{dLN} \tag{4-21}$$

式中，K_{rel}为可靠系数，取 0.4 ~ 0.6；K_{er}为测量设备百分比误差。U_{dLN}为额定直流电压。

根据 DPT 试验，AB 直流低电压保护动作定值取 0.25p.u.，即 $\Delta = 0.25\text{p.u.} = 0.25 \times 500\ \text{kV} = 125\ \text{kV}$。

根据系统设计情况配置，在站间通信故障时，逆变侧停运后需要本保护停运整流侧时，整流侧动作时间需躲过交流系统后备保护动作时间，保护动作延时与阀旁通过程中的承受电流能力相配合，保护延时 $t_1 = 2300$ ms，同时逆变侧的延时大于交流故障恢复时间+直流系统电压恢复时间，保护延时 $t_2 = 3000$ ms。

在控制系统执行投旁通、空载加压试验、强制移相、线路故障重启时闭锁本保护，避免保护动作对系统正常运行产生影响。

后备保护：冗余系统中的本保护。

4.3.12 50 Hz 保护（81_50 Hz）

50 Hz 保护是发生换相失败和阀触发异常的后备保护，检测直流线路电流中的 50 Hz 分量。逻辑框图如图 4-12 所示。

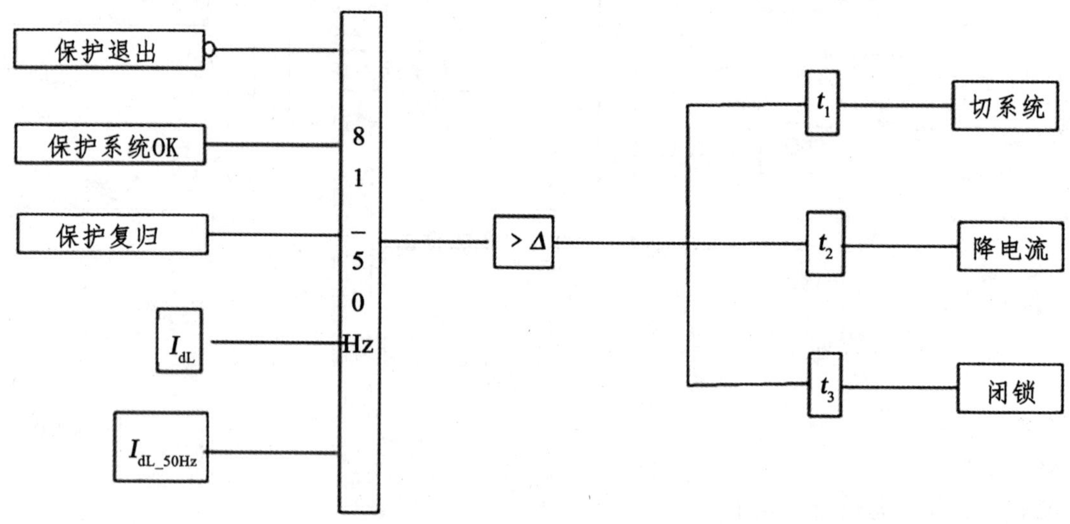

图 4-12 81_50 Hz 逻辑框图

保护动作方程式如下：

$$I_{50\text{Hz}} \geqslant \Delta + k_{50\text{Hz\_set}} \times I_{\text{d}} \tag{4-22}$$

式中，Δ 为 50 Hz 谐波启动定值；Δ 由直流电流中的最大连续 50 Hz 电流或躲过交流系统暂态过程引起的 50 Hz 分量电流确定，并考虑可靠系数，根据 DPT 试验，本工程的保护启动定值设为 96 A，$k_{50\text{Hz\_set}}$ 为 50 Hz 谐波比例系数，确保所有情况的触发异常情况都能够被包含在内，根据 DPT 试验结果，本工程取 0.03。

保护时间延时要给控制系统切换后留有足够的控制时间，减小阀触发异常时承受的过应力情况与阀组过应力承受能力，降电流后闭锁可以减缓对电网的冲击。

保护分为三段，采取策略如下：

Ⅰ段：延时 $t_1 = 1000\ \text{ms}$，切换极控系统。

Ⅱ段：延时 $t_2 = 3000\ \text{ms}$，降功率 0.25p.u.，且不低于 0.2p.u.。

Ⅲ段：延时 $t_3 = 5000\ \text{ms}$，极闭锁。

后备保护：冗余系统中的本保护。

4.3.13 100 Hz 保护（81_100 Hz）

100 Hz 保护是交流系统单相或相间故障时的后备保护，检测直流线路电流中的 100 Hz 分量，逻辑框图如图 4-13 所示。

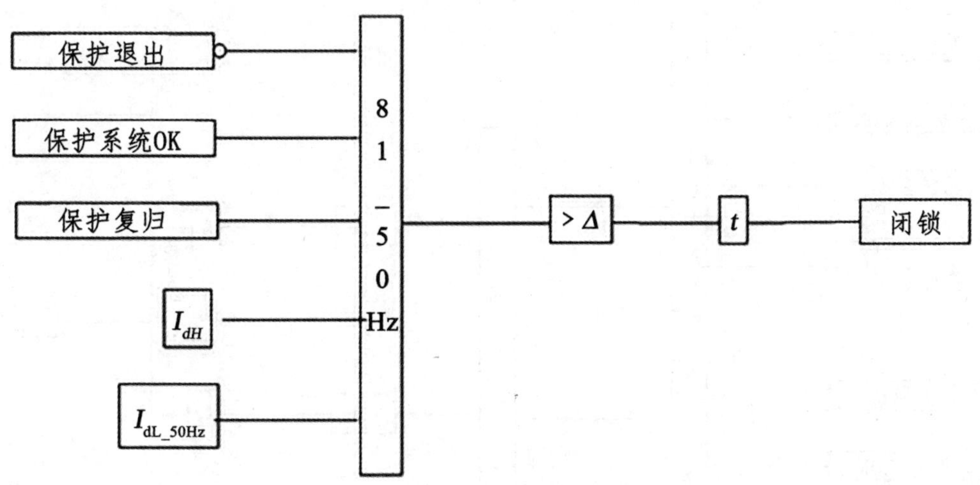

图 4-13 81_100 Hz 逻辑框图

保护动作方程式如下：

$$I_{100\text{Hz}} \geqslant \Delta + k_{100\text{Hz\_set}} \times I_{\text{d}} \tag{4-23}$$

式中，Δ为 100 Hz 谐波启动定值；$k_{100\text{Hz_set}}$为 100 Hz 谐波比例系数。Δ由交流母线电压中负序分量为 0.1p.u.时直流线路电流中的 100 Hz 电流确定，并考虑可靠系数，根据 DPT 试验，本工程的保护启动定值设为 96 A。$k_{100\text{Hz_set}}$确保交流系统不平衡故障情况下保护能正确起动，根据 DPT 试验模拟交流系统最大工况以及最小工况、直流正常运行的最小电流情况到最大电流情况下，交流系统发生单相金属性接地故障时直流线路电流 100 Hz 分量，确定最终的比例系数为 0.03。

保护动作延时需要与交流线路保护距离二段动作时间相配合，本保护取 $t = 3000\ \text{ms}$ 。

后备保护：冗余系统中的本保护。

4.3.14 换流变压器直流饱和保护（50/51CTNY/CTND）

换流变压器与普通变压器不同，一般都配有直流饱和保护。直流输电系统中的触发角不平衡、换流器交流母线上有正序二次谐波电压、单极大地回线方式运行时由于换流站中性点电位升高所产生的流经变压器中性点的直流电流等都会引起换流变直流偏磁，将影响换流变正常运行。AB 直流换流变压器的直流饱和保护以换流变中性点电流的直流分量直接作为动作依据，逻辑框图如图 4-14 所示。

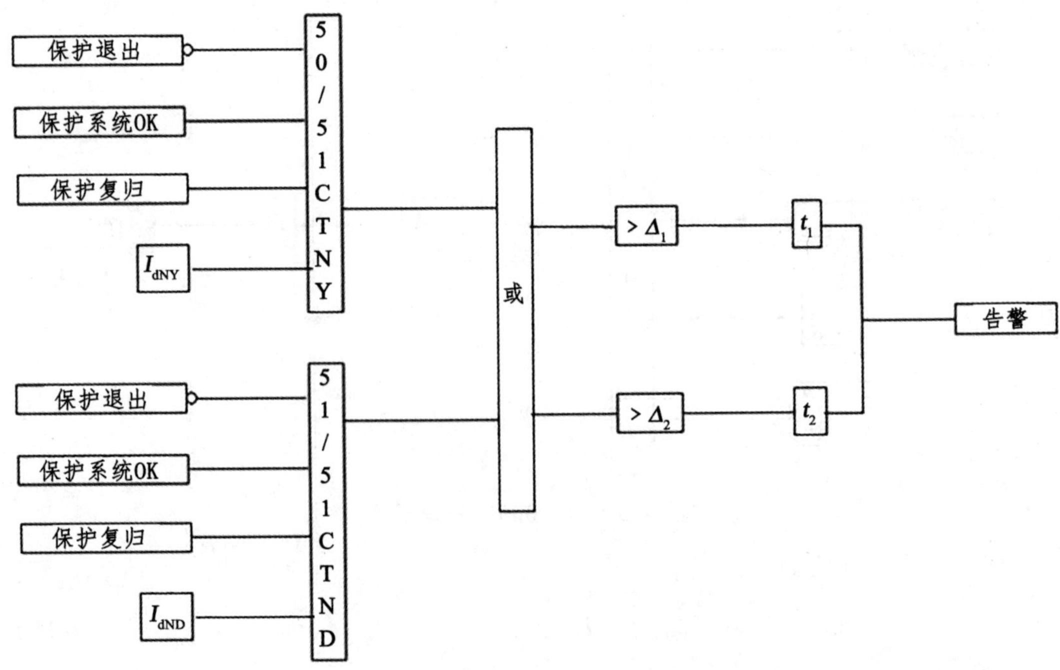

图 4-14 50/51CTNY/CTND 逻辑框图

保护动作方程式如下：

$$|I_{dNY}| > \varDelta \tag{4-24}$$

$$|I_{dND}| > \varDelta \tag{4-25}$$

式中：Δ为保护启动定值，保护定值和延时主要考虑换流变压器绕组承受直流电流的能力。

根据厂家推荐，换流变压器直流饱和保护采用两段。

Ⅰ段保护启动定值 $\Delta_1 = 0.2\ \text{p.u.} = 0.2 \times 50\ \text{A} = 10\ \text{A}$，延时 $t_1 = 60\ 000\ \text{ms}$。

Ⅱ段保护启动定值 $\Delta_2 = 0.4\ \text{p.u.} = 0.4 \times 50\ \text{A} = 20\ \text{A}$，延时 $t_2 = 30\ 000\ \text{ms}$。

后备保护：冗余系统中的本保护。

4.4 直流母线差动保护

4.4.1 极母线差动保护（87HV）

极母线差动保护检测直流线路电流互感器与换流器高压端电流互感器之间的接地故障。由直流线路电流与换流器高压端电流构成动作判据，逻辑框图如图 4-15 所示。

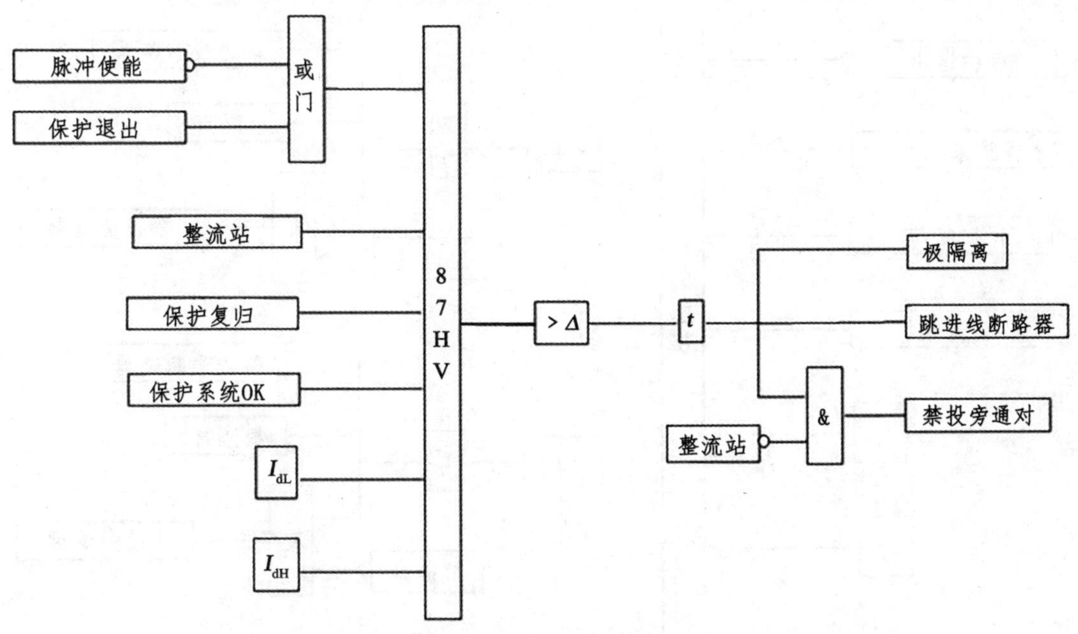

图 4-15　87HV 逻辑框图

保护动作方程如下：

$$|I_{dH} - I_{dL}| \geqslant \Delta \tag{4-26}$$

式中，Δ为启动电流。

保护启动定值的计算：极母线差动保护区内发生故障时，故障电流一般较大，设置的启动定值也相对较大，保护对瞬时性直流线路故障和阀短路故障不应动作，根据DPT试验结果，$\Delta = 0.3\text{p.u.} = 900\ \text{A}$。

保护动作时间与直流系统控制特性配合，通过DPT试验确认，小于直流线路后备差动保护动作时间，大于换流器差动保护动作时间（5 ms），保护延时$t = 10\ \text{ms}$。

本保护对瞬时的直流线路故障和阀短路故障保护不动作。

后备保护：直流后备差动保护（87DCB）、直流低电压保护（27DC）。

4.4.2　中性母线差动保护（87LV）

中性母线差动保护检测中性母线电流互感器与换流器低压端电流互感器间的接地故障，逻辑框图如图4-16所示。

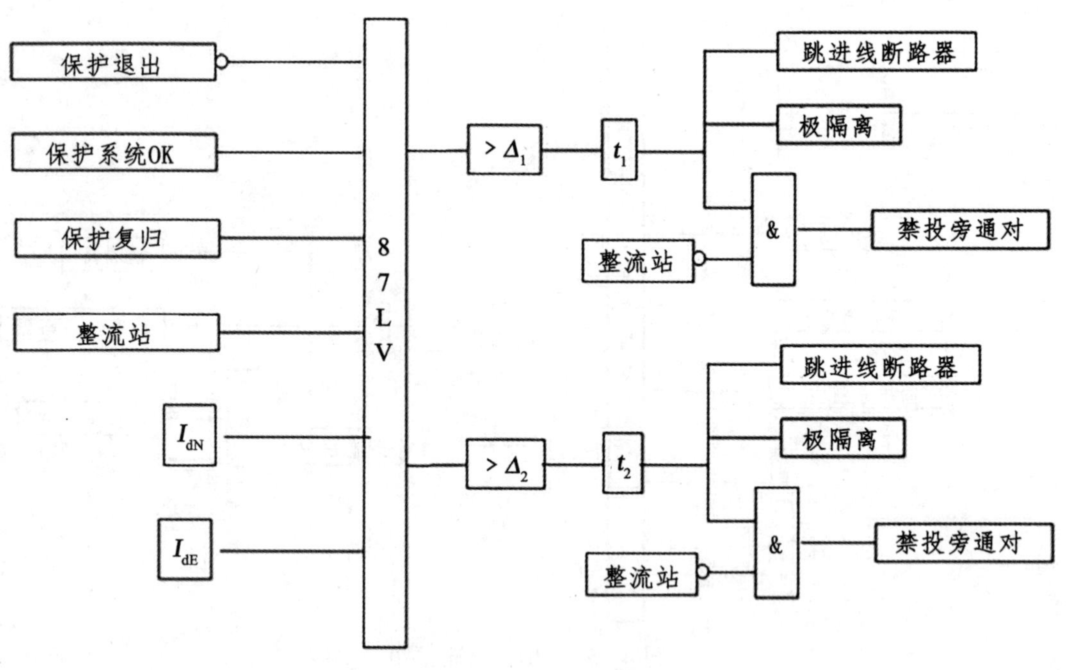

图4-16　87LV逻辑框图

保护动作方程如下：

$$\left|I_{\mathrm{dN}}-I_{\mathrm{dE}}\right| \geqslant \Delta \tag{4-27}$$

式中，Δ为启动电流。

对于中性母线电流互感器与换流器低压端电流互感器间的接地故障正确动作，对于直流滤波器内部接地故障不应动作。保护配置为两段：Ⅰ段为快速段，根据 DPT 试验结果，$\Delta_1 = 0.25\text{p.u.} = 750\ \text{A}$，动作延时小于直流线路后备差动保护动作时间，延时 $t_1 = 50\ \text{ms}$；Ⅱ段为慢速段，启动定值需低于系统最小运行电流，$\Delta = 0.05\text{p.u.} = 150\ \text{A}$，动作延时应躲过直流线路故障及直流滤波器内部故障的暂态过程，延时 $t_2 = 500\ \text{ms}$。

后备保护：直流后备差动保护（87DCB）。

4.4.3 极差动保护（87DCB）

极差动保护检测直流线路电流互感器与中性母线电流互感器间换流器侧的接地故障，是换流器差动保护的后备保护，保护范围相比换流器差动保护多了直流极母线，动作出口延时相应变长，由直流线路电流与中性母线电流构成动作判据，逻辑框图如图 4-17 所示。

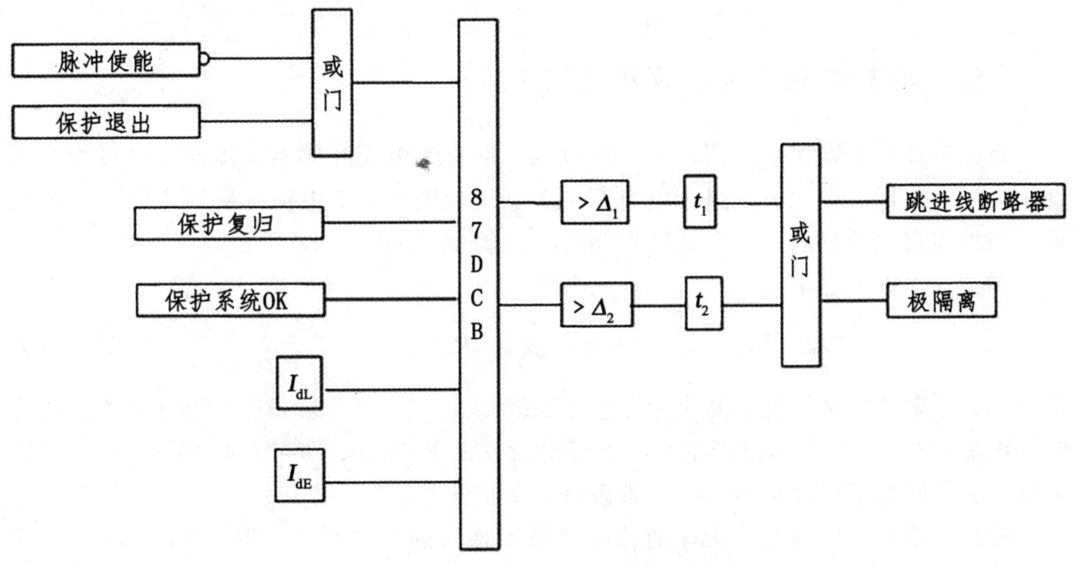

图 4-17　87DCB 逻辑框图

保护动作方程如下：

$$|I_{dL}-I_{dE}|\geqslant \varDelta \tag{4-28}$$

式中，$\varDelta$为启动电流。

保护配置为两段：

Ⅰ段为快速段，躲过区外故障最大差流或近似按照 3 倍额定电流时测量误差整定，根据仿真试验确定结果，$\varDelta_1 = 0.25\text{p.u.} = 0.25\times 3000\ \text{A} = 750\ \text{A}$，出口延时需大于换流器差动保护（5 ms）、极母线差动保护（10 ms）以及中性母线差动保护（50 ms）的延时，配合级差不低于 10 ms，Ⅰ段保护延时 s。

Ⅱ段为慢速段，需要躲过短时过负荷运行工况的测量误差，并小于系统最小运行电流，$\varDelta_2 = 0.05\text{p.u.} = 0.05\times 3000\ \text{A} = 150\ \text{A}$，出口延时需大于中性母线差动保护慢速段（500 ms），配合级差不少于 200 ms，Ⅱ段保护延时 $t_2 = 900\ \text{ms}$。

后备保护：冗余系统中的本保护。

4.5 双极中性线及接地极故障

4.5.1 双极中性线差动保护（87EB）

双极中性线差动保护检测极 1 中性母线上的直流电流互感器、极 2 中性母线上的直流电流互感器、接地极线路 1 电流互感器、接地极线路 2 电流互感器之间的接地故障，保护与直流系统的运行方式密切相关。逻辑框图如图 4-18 所示。

保护动作方程如下：

$$|I_{dE}-I_{dE\_op}-I_{dee1}-I_{dee2}-I_{dsG}|\geqslant \varDelta \tag{4-29}$$

式中，$\varDelta$为启动电流；启动电流考虑直流系统最大过负荷工况下不平衡电流和使用的 5 个电流互感器的测量回路产生的不平衡电流，取 0.05p.u.，即 150 A。保护分为三段，Ⅰ段、Ⅱ段针对双极不平衡运行，Ⅲ段针对单极运行。

双极运行时：Ⅰ段延时大于直流线路故障最长的重启时间，取 $t_1 = 400\ \text{ms}$；Ⅱ段延时大于请求极平衡操作可以成功的时间，留有至少 1 s 的级差，取 $t_2 = 3000\ \text{ms}$。

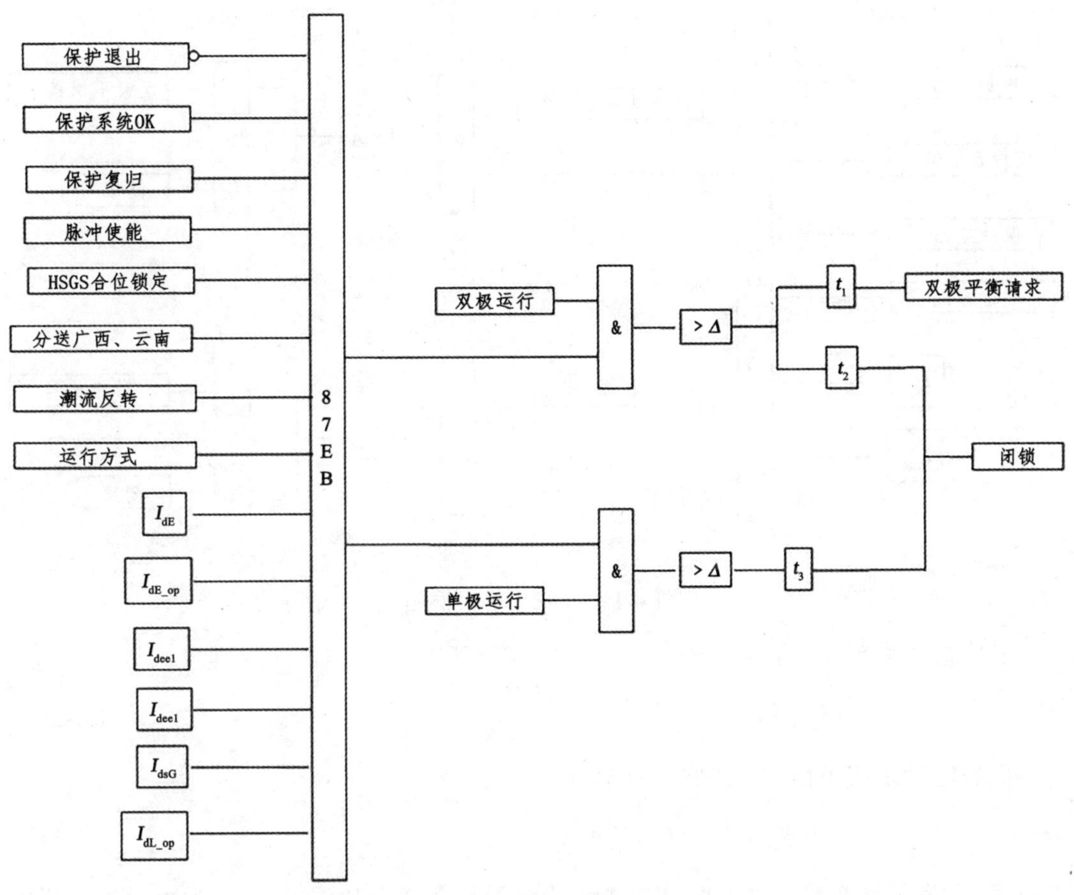

图 4-18　87EB 逻辑框图

单极运行时：延时应躲过故障极保护动作闭锁后，完成极隔离的时间，否则单极故障引起双极停运；延时大于直流线路故障最长的重启时间，结合 DPT 试验结果，延时取 $t_3 = 400$ ms。

后备保护：冗余系统中的本保护、金属回线方式下的站内接地网过流保护（76SG）。

4.5.2　接地极线路不平衡保护（60EL）

接地极引线路发生接地故障时该保护动作，由接地极线路 1 与接地极线路 2 电流差构成动作判据，逻辑框图如图 4-19 所示。

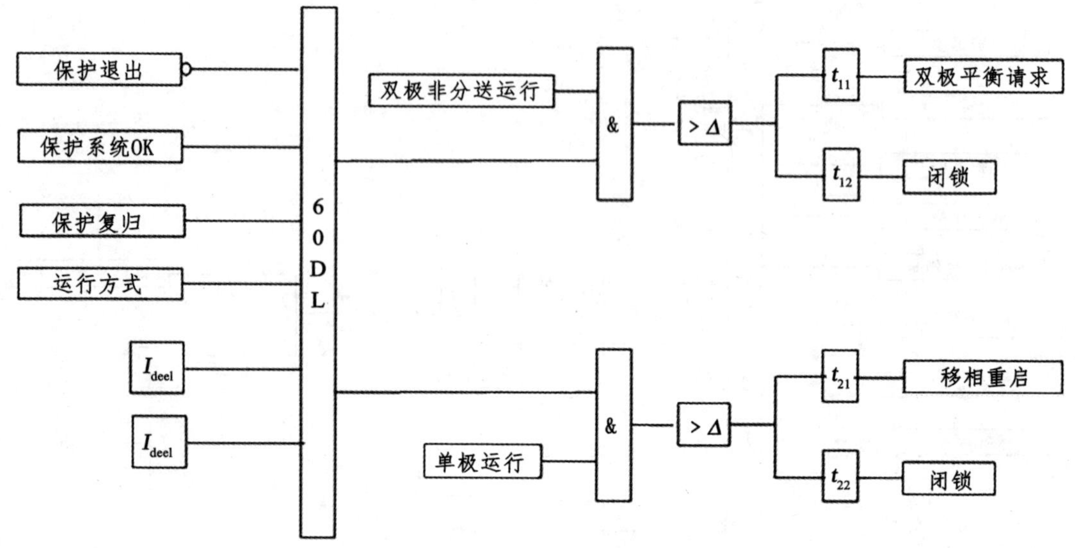

图 4-19　60EL 逻辑框图

保护动作方程如下：

$$|I_{\text{dee1}} - I_{\text{dee2}}| > \Delta \tag{4-30}$$

保护启动定值可由式（4-31）计算如下：

$$\Delta = K_{\text{rel}} \times K_{\text{er}} \times I_{\text{n}} \times K_{\text{ol}} \tag{4-31}$$

式中，K_{rel} 为可靠系数，取 1.1 ~ 1.2；K_{er} 为测量设备百分比误差；K_{ol} 为短时过负荷倍数，I_{n} 为额定电流。

启动电流考虑躲过测量回路产生的最大不平衡电流，$\Delta = 0.02\ \text{p.u.} = 0.02 \times 3000\ \text{A} = 60\ \text{A}$，保护分为两段，分别对应双极运行和单极运行。

Ⅰ段：双极运行方式下，短时限考虑躲过直流线路再起动的全过程时间，取 $t_{11} = 2000\ \text{ms}$，发双极平衡运行请求；长时限在躲短时限的基础上考虑执行双极平衡运行命令的时间，取 $t_{12} = 4000\ \text{ms}$，发闭锁请求。

Ⅱ段：单极大地方式下，短时限考虑运行方式转换所需的时间，$t_{21} = 400\ \text{ms}$，移相重启；长延时应在短时限的基础上考虑直流线路再启动的全过程时间，$t_{22} = 4000\ \text{ms}$。

后备保护：冗余系统中的本保护。

4.5.3 接地极引线过负荷保护（76EL）

接地极引线过负荷保护检测接地极线路的过负荷情况，避免接地极引线一回断开后另一极因过负荷损坏。由接地极线路 1 或接地极线路 2 电流构成动作判据，逻辑框图如图 4-20 所示。

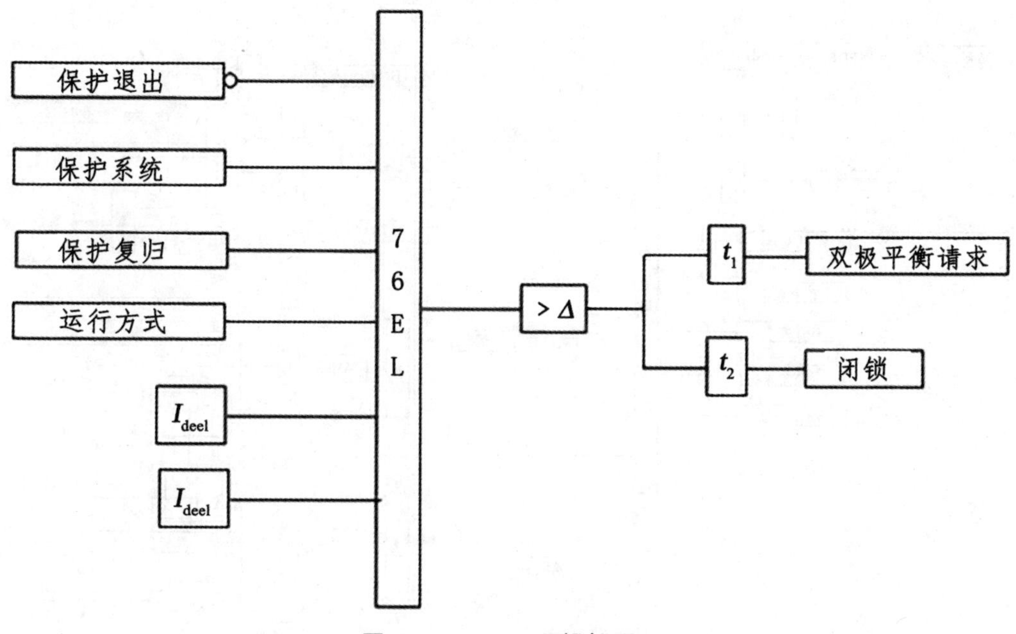

图 4-20 76EL 逻辑框图

保护动作方程如下：

$$I_{dee1} > \varDelta \text{或} I_{dee2} > \varDelta \tag{4-32}$$

式中，$\varDelta$为接地极过流保护动作定值。电流定值可由式（4-33）计算如下：

$$\varDelta = K_{rel} \times (1 - K_{er}) \times I_{elovc} \tag{4-33}$$

式中，K_{rel} 为可靠系数，取 0.95 ~ 0.98，报警段可靠系数取 0.8 ~ 0.9；K_{er} 为测量设备的百分比误差；I_{elovc} 为接地极线的过载电流，按 2 小时过负荷 1.2p.u.考虑。

结合 DPT 试验结果，$\varDelta = 0.7\text{p.u.} = 0.7 \times 3000\ \text{A} = 2100\ \text{A}$，延时分为两段：Ⅰ段延时 $t_1 = 6000\ \text{ms}$，保护请求降电流；Ⅱ段延时 $t_2 = 11\,000\ \text{ms}$，极闭锁。

后备保护：冗余系统中的本保护。

4.5.4 接地极开路保护（59EL）

接地极开路保护用于检测双极中性母线、接地极引线、金属回线的开路故障，检测中性母线电压，使中性母线、接地极引线、金属回线等免受接地极开路造成的过电压的影响。由中性母线电压构成动作判据，逻辑框图如图 4-21 所示。

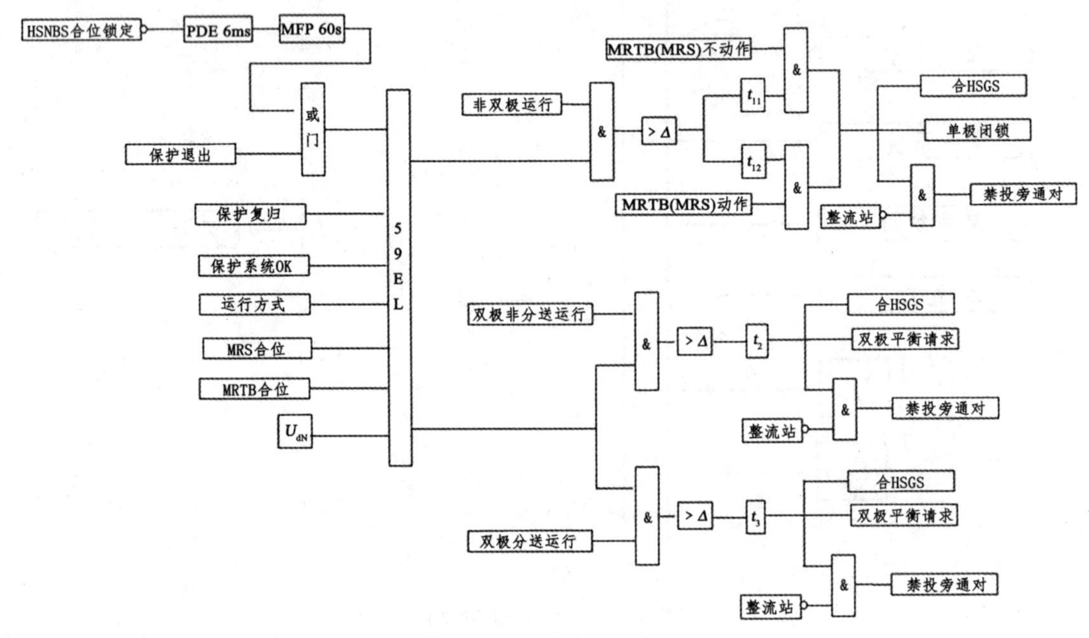

图 4-21　59EL 逻辑框图

保护动作方程如下：

$$|U_{dN}| \geqslant \Delta \tag{4-34}$$

式中，Δ为电压动作定值。电压动作定值低于中性母线上的避雷器保护水平相配合（120 kV），大于金属回线运行时非接地侧的最高电压，$\Delta = 1.3\text{p.u.} = 1.3\times 75\ \text{kV} = 98\ \text{kV}$；本保护针对 AB 直流不同的运行方式分为两段，延时考虑躲过操作过电压和雷击过电压的时间。

Ⅰ段：针对非双极运行模式，当检测中性母线电压高于定值，合高速接地开关 HSGS，闭锁本级，逆变侧禁止投旁通；延时 t_{11}=100 ms，但是在大地回线和金属回线相互转换过程中，延时临时改为 t_{12}=100 ms，避开转换开关操作产生的过电压，防止误动作。

Ⅱ段：针对双极运行模式，当检测中性母线电压高于定值，合高速接地开关 HSGS，双极平衡运行请求，逆变侧禁止投旁通；延时 t_2=100 ms。

后备保护：中性母线差动保护（87LV）。

4.5.5 站内接地网过流保护（76SG）

站内接地网过流保护检测直流系统流入站内接地网的电流，避免站内接地网因流过大电流影响设备的正常使用，由站内接地开关电流构成动作判据，逻辑框图如图 4-22 所示。

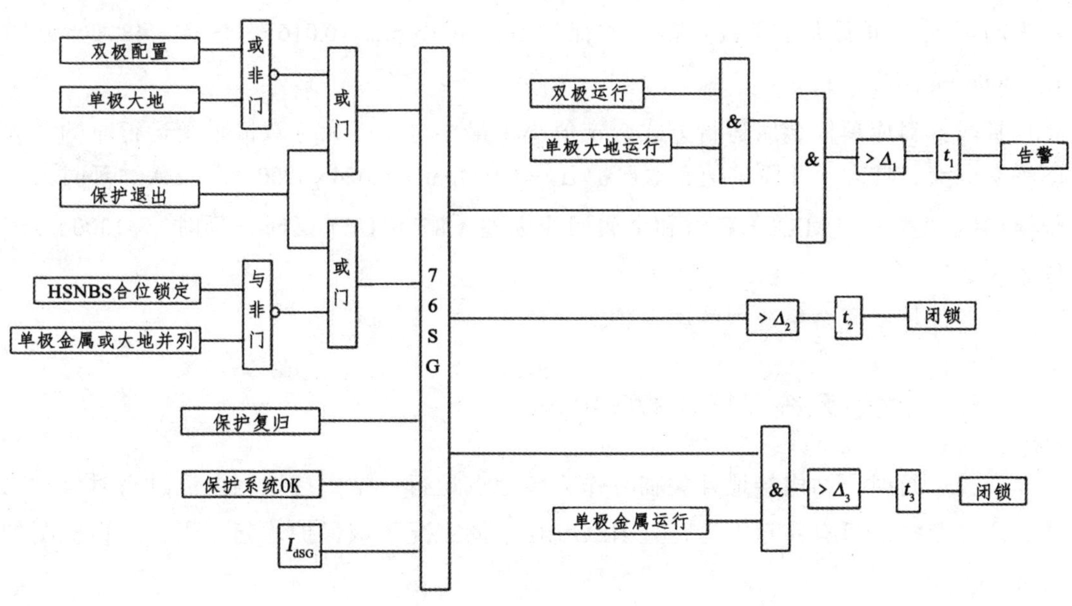

图 4-22　76SG 逻辑框图

保护动作方程如下：

$$I_{dSG} > \Delta \tag{3-35}$$

式中，Δ为站内接地过流定值；保护动作定值躲过额定电流时的测量误差，可由式（4-36）计算如下：

$$\Delta = K_{rel} \times K_{err} \times I_{dSGMAX} \tag{4-36}$$

式中，K_{rel}为可靠系数，推荐取 1.1 ~ 1.3；K_{err}为测量误差系数；I_{dSGMAX}为站地接地开关流过的最大电流。

保护分为三段：

Ⅰ段：对应双极运行方式，定值小于最小电流，大于双极平衡运行时的最大不平衡电流，本保护 $\Delta_1 = 0.008\text{p.u.} = 0.008 \times 3000\ \text{A} = 24\ \text{A}$，延时大于线路故障重启所有次数的时间总和，延时 900 ms 告警，请求双极平衡运行，延时 t_1=900 ms 闭锁双极。

Ⅱ段：对应单极大地运行方式，定值小于最小电流，大于双极平衡运行时的最大不平衡电流，也要大于Ⅰ段定值，本保护 $\Delta_2 = 0.016\text{p.u.} = 0.016 \times 3000\ \text{A} = 48\ \text{A}$，延时 $t_2 = 3000$ ms 闭锁本极。

Ⅲ段：对应单极金属运行方式，定值小于最小电流，大于双极平衡运行时的最大不平衡电流，且大于Ⅱ段定值，本保护 $\Delta_3 = 0.024\text{p.u.} = 0.024 \times 3000\ \text{A} = 72\ \text{A}$，延时大于金属回线横差（87 MRL）延时和金属回线纵差（87DCLT）延时，延时 $t_3 = 1300$ ms 闭锁本极。

后备保护：冗余系统中的本保护。

4.5.6 接地系统保护（87GSP）

双极运行时，站内接地开关临时作为接地点运行，站内接地网电流过高时保护动作，闭锁双极。只有在双极运行且 HSGS 合上的工况下该保护才起作用，逻辑框图如图 4-23 所示。

保护动作方程如下：

$$\left| I_{dE} - I_{dE\_op} \right| > \Delta \tag{4-37}$$

式中，Δ为接地系统保护过流定值；保护动作定值应小于最小工作电流，且小于接地网能承受的最大直流电流，根据接地网设计要求和以往工程经验，

$\Delta = 0.05\text{p.u.} = 0.05 \times 3000\ \text{A} = 150\ \text{A}$。保护动作定值应大于 76SG 的Ⅱ段动作延时，在此取 $t = 3500\ \text{ms}$。

本保护是接地极开路保护（59EL）Ⅱ段和接地网过流保护（76SG）Ⅱ段的后备保护，当接地极开路保护（59EL）Ⅱ段动作闭合 HSGS，则本保护投入，与接地网过流保护（76SG）Ⅱ段共同起到站内接地网电流的监视，此时可用站内接地网代替接地极运行。

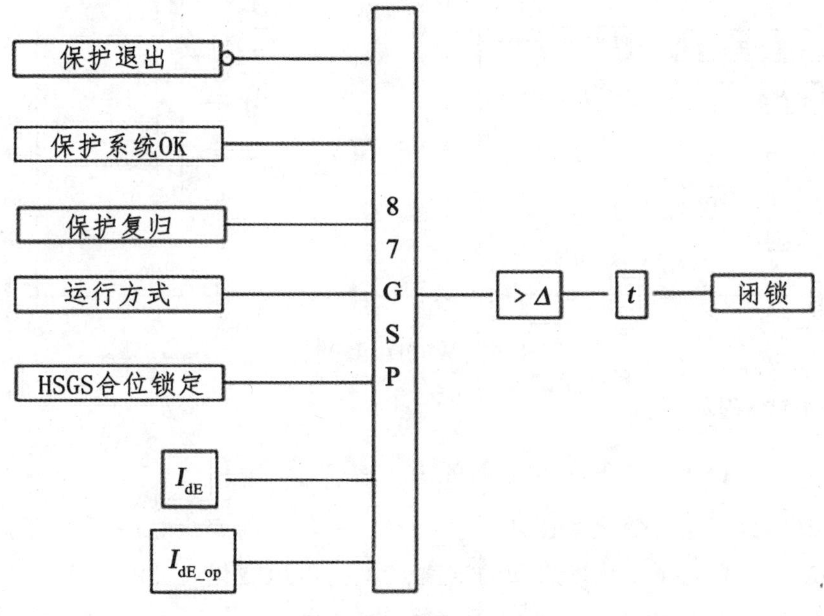

图 4-23 87GSP 逻辑框图

4.6 直流线路保护配置及整定

4.6.1 直流线路行波保护（WFPDL）

直流线路行波保护是直流线路发生接地故障时的主保护。由直流线路电流和直流线路电压构成动作判据。当直流线路发生故障时，会造成直流电压电流的变化，利用变化量检测出线路的故障，逻辑框图如图 4-24 所示。

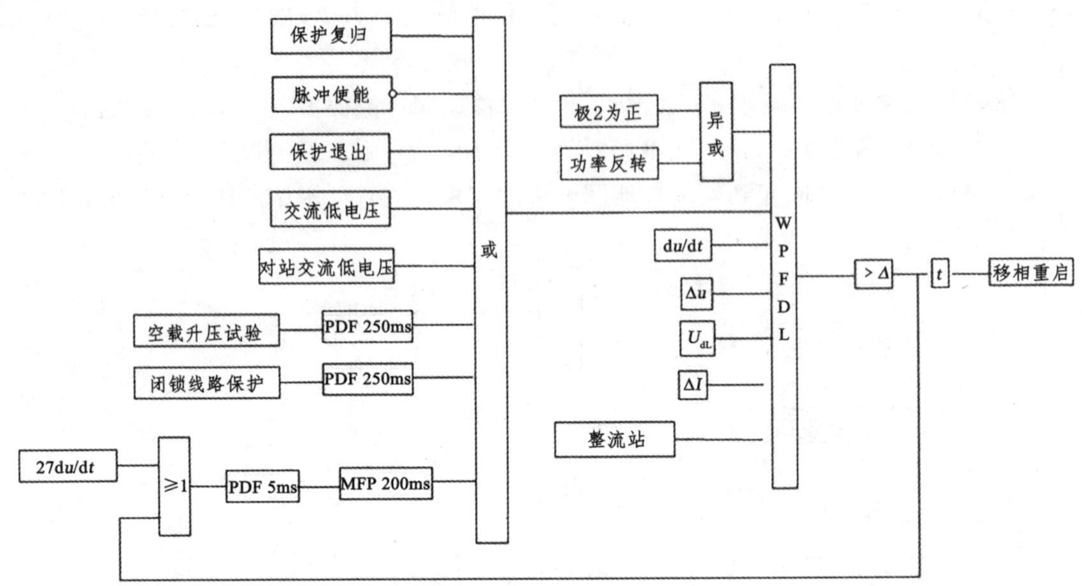

图 4-24 WFPDL 逻辑框图

保护动作方程如下：

$$du/dt > \Delta_1 \,\&\, \Delta_u < \Delta_2 \,\&\, \Delta_I < \Delta_3 \tag{4-38}$$

式中，du/dt 为直流电压变化率；Δ_u 为直流电压一段时间变化值；Δ_I 为直流电流一段时间变化值；Δ_1 为电压变化率启动的定值；Δ_2 为电压变化启动的定值；Δ_3 为电流变化启动的定值。du/dt 定值应大于区外故障（对站换相失败故障、对站交流系统故障、另一极直流线路故障等）时直流线路电压的最大变化率，小于本极直流线路故障时直流线路电压的最大变化率，确保保护在区外故障、换相失败、交流系统故障时不会动作，根据 DPT 试验结果 AB 直流行波保护电压变化率 Δ_1 取 0.17p.u./0.156 ms(85 kV/0.156 ms)。Δ_2 考虑整流侧与逆变侧的不同，整流侧 0.25p.u.（125 kV），逆变侧 0.34p.u.（170 kV）；Δ_3 考虑整流侧与逆变侧的不同，整流侧 0.8p.u.（2400 A），逆变侧 –0.3p.u.（–900 A）。

对于本站线路测点到对站平波电抗器之间的接地故障，保护能正确反映；对于对站换流器接地、换相失败、对极线路故障、交流系统故障保护不动作，本保护作为直流输电线路的主保护，动作立即出口，不需延时。

通信故障对行波保护有以下影响：当控制系统通信故障时，逆变站的线路故障重启命令不能传送至整流侧，系统不能执行线路故障重启；当保护系统通信故障时，则本站的交流低电压信号不能传至对站闭锁对站的本保护。

另外，当系统降压运行或功率反送时，系统电压会相应降低，此时的保护定值程序会根据运行电压的水平自动修正保护定值，对此工况下的运行故障进行保护。

后备保护：突变量保护（27d*u*/d*t*）、直流线路低电压保护（27DCL）、直流线路纵联差动保护（87DCLL）。

4.6.2 直流线路电压突变量保护（27du/dt）

直流线路电压突变量保护是直流线路发生接地故障时的主保护，由直流线路电压构成动作判据，逻辑框图如图 4-25 所示。

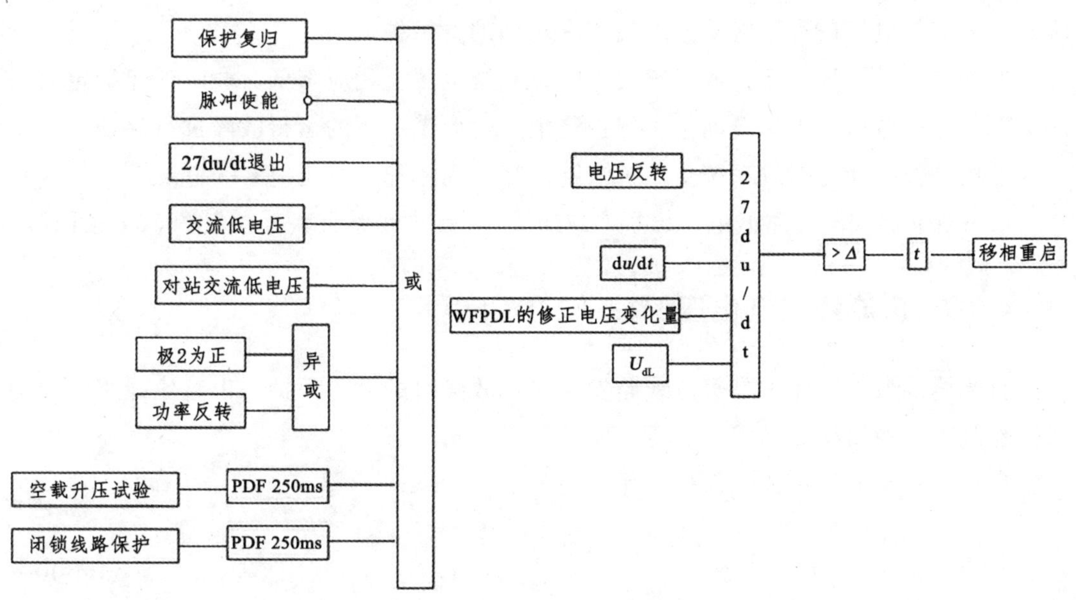

图 4-25　27du/dt 逻辑框图

保护动作方程如下：

$$\mathrm{d}u/\mathrm{d}t > \varDelta_1 \,\&\, U_{\mathrm{dL}} < \varDelta_2\text{，}\; U_{\mathrm{dL}} > \varDelta_3 \tag{4-39}$$

式中，$\mathrm{d}u/\mathrm{d}t$为直流电压下降斜率；$\varDelta_u$为直流电压一段时间变化值；$\varDelta_1$为电压变化率启动的定值；$\varDelta_2$为低电压启动定值；$\varDelta_3$为致力于电压复归启动定值；$\mathrm{d}u/\mathrm{d}t$定值应大于区外故障（对站换相失败故障、对站交流系统故障、另一极直流线路故障等）时直流线路电压的最大变化率，小于本极直流线路故障时直流线路电压的最大变化率。选取合理的定值，确保保护在区外故障、换相失败、交流系统故障时不会动作。AB 直流电压突变量保护电压变化率 Δ_1 取 0.17p.u./0.156 ms（85 kV/0.156 ms）。

$\Delta_2 = 0.2\text{p.u.} = 100\ \text{kV}$；

$\Delta_3 = 0.35\text{p.u.} = 175\ \text{kV}$ 大于 0.35p.u.（165 kV）保护立即复归。

Δ_2、Δ_3 通过 DPT 试验确定，最终的定值由现场试验校核确定。保护对于本站线路测点到对站平波电抗器之间的接地故障，保护能正确反映，对于对站换流器接地、换相失败、对极线路故障、交流系统故障保护不动作。

通信故障对行波保护有以下影响：当控制系统通信故障时，逆变站的线路故障重启命令不能传送至整流侧，系统不能执行线路故障重启；当保护系统通信故障时，则本站的交流低电压信号不能传至对站闭锁对站的本保护。

另外，当系统降压运行或功率反送时，系统电压会相应降低，此时的保护定值程序会根据运行电压的水平自动修正保护定值，对此工况下的运行故障进行保护。

保护动作时间与交流系统主保护清除故障时间相配合，延时 $t = 100\ \text{ms}$。

后备保护：直流线路低电压保护（27DCL）、直流线路纵联差动保护（87DCLL）。

4.6.3 直流线路低电压保护（27DCL）

直流线路低电压保护是直流线路发生接地故障时的后备保护。由直流线路电压构成动作判据。逻辑框图如图 4-26 所示。

保护仅在整流侧投入，保护动作方程如下：

$$U_{\text{dL}} \leqslant \Delta \qquad (4\text{-}40)$$

式中，Δ 为直流线路低电压定值。

保护定值根据 DPT 试验确定，并在现场试验校核，需要与极控系统的低电压保护相配合，全压运行时，$\Delta_1 = 0.35\text{p.u.} = 175\ \text{kV}$，降压运行时，$\Delta_2 = 0.25\text{p.u.} = 125\ \text{kV}$。

当直流线路发生故障时，会造成直流电压无法维持。通过对直流电压的检测，如果发现直流电压持续一定的时间偏低，同时既没有发生交流系统故障也没有发生换相失败，则判断为直流线路故障。

在通信正常时，接收对站是否有交流系统故障和换相失败的信号，保护动作时间要大于最长的通道延时，考虑本保护是后备保护，延时 $t_1 = 200$ ms；当通信中断后，如果是单极运行方式，保护动作延时加长，与对站交流故障切除时间配合，延时取 1500 ms，如果是双极运行方式，则同时检测另一极直流电压，如果也低说明是交流系统故障，否则为线路故障。

后备保护：直流低电压保护（27DC）。

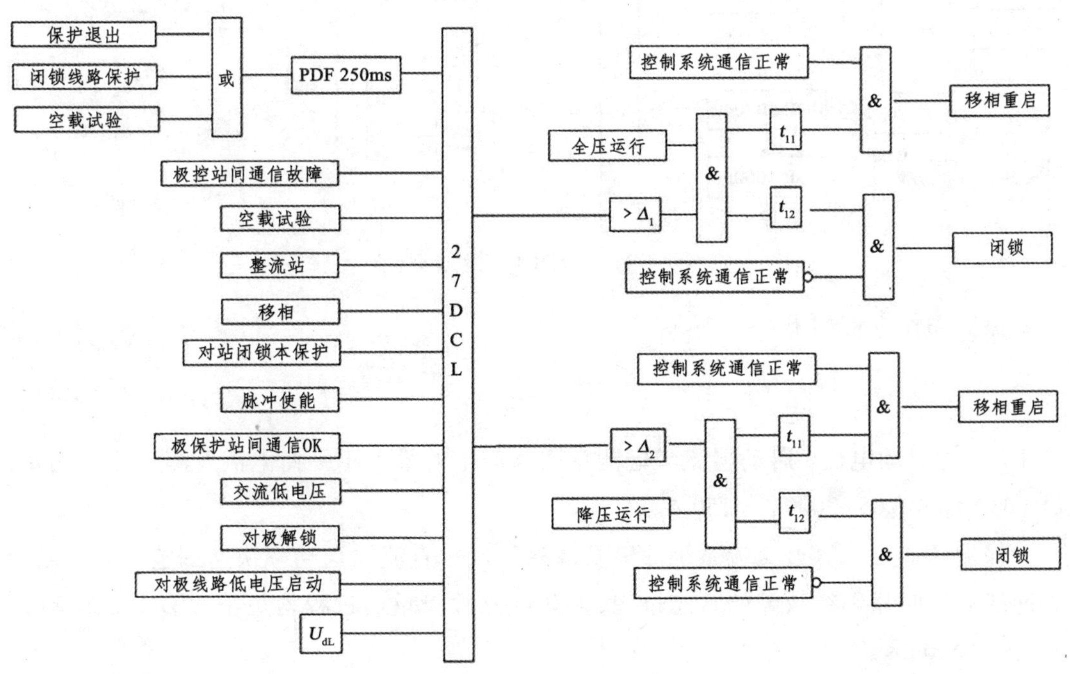

图 4-26　27DCL 逻辑框图

4.6.4　直流线路纵差保护（87DCLL）

直流线路纵差保护直流线路上发生接地故障时的后备保护，由本站的直流线路电流和对站的直流线路电流构成动作判据，反映高阻接地故障，逻辑框图如图 4-27 所示。

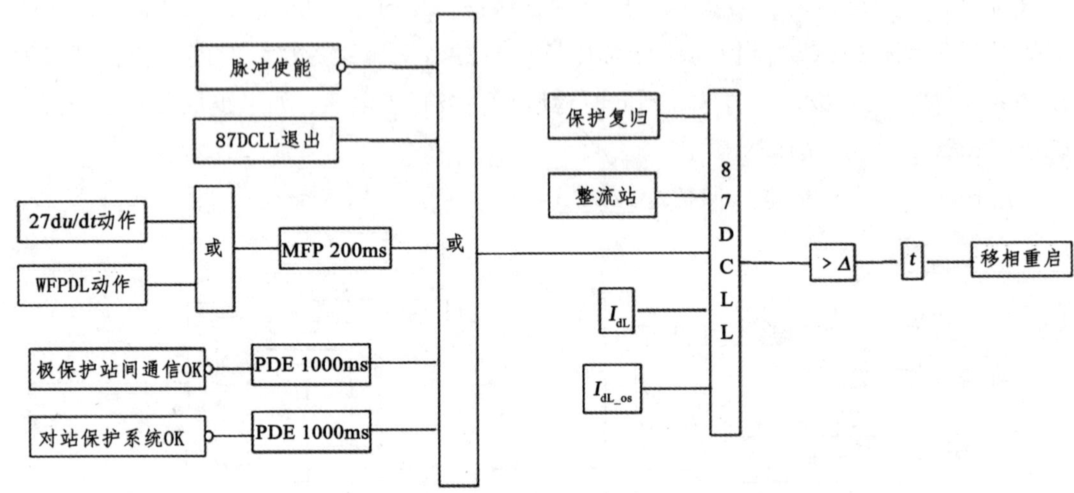

图 4-27　87DCLL 逻辑框图

保护动作方程如下：

$$|I_{dL}-I_{dL\_os}|>\varDelta \tag{4-41}$$

式中，$\varDelta$为启动电流，启动电流考虑测量回路产生的最大不平衡电流及测量系统误差，$\varDelta=0.05\text{p.u.}=0.05\times 3000\ \text{A}=150\ \text{A}$。

保护动作延时躲过交流系统故障及清除阶段、直流输送功率快速调整、双极或金属回线运行时相邻线故障的暂态过程，躲过线路故障重启过程均短于 27DC 动作延时，延时 $t_1=500\ \text{ms}$。

保护需要与对站通信，通信故障时闭锁本保护。

后备保护：直流低电压保护（27DC）。

4.6.5　金属回线横差保护（87DCLT）

金属回线横差保护是单极金属回线方式运行时直流线路以及金属回线上发生接地故障时的保护，由极 1 和极 2 的直流线路电流构成动作判据，逻辑框图如图 4-28 所示。

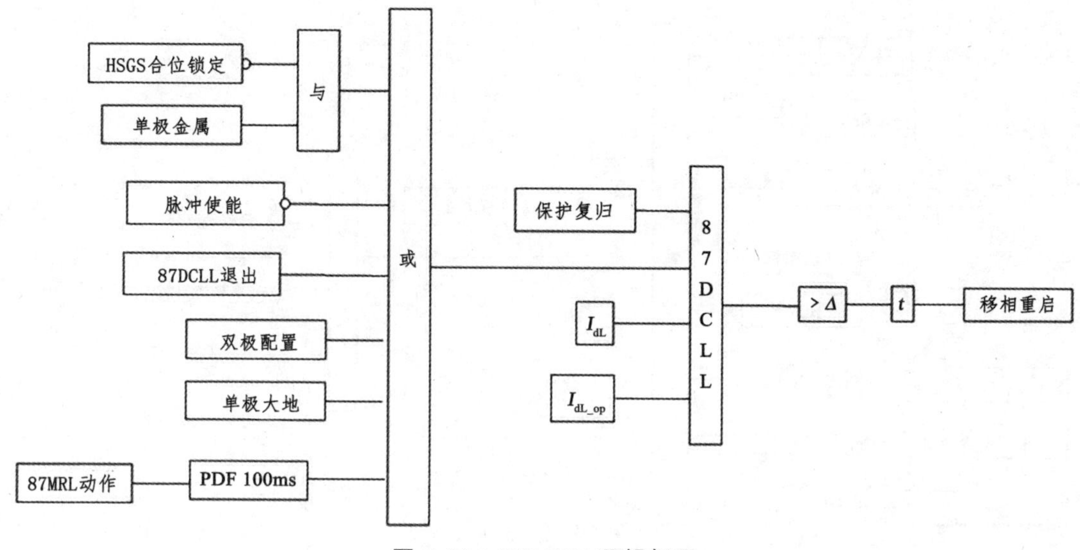

图 4-28　87DCLT 逻辑框图

保护动作方程如下：

$$|I_{dL}-I_{dL\_op}|>\varDelta \tag{4-42}$$

式中，$\varDelta$为启动电流。

整定考虑躲过最大可能运行方式的换相失败时测量回路产生的最大不平衡电流和，并考虑可靠系数，$\varDelta=0.024\text{p.u.}=0.024\times3000\ \text{A}=72\ \text{A}$。

动作时间定值要躲过直流线路纵差保护（87DCLL）、直流差动后备保护的延时（87DCB），且小于接地网过流保护 76SGIII 段的延时，综合考虑延时 $t_1=1000\ \text{ms}$。

出口方式：闭锁本极。

后备保护：站内接地网过流保护（76SG）。

4.6.6　金属回线纵差保护（87MRL）

单极金属回线方式运行时金属回线上两端直流线路电流互感器之间的线路发生接地故障时的保护。由金属回线上本站直流线路电流和对站直流线路电流构成动作判据。逻辑框图如图 4-29 所示。

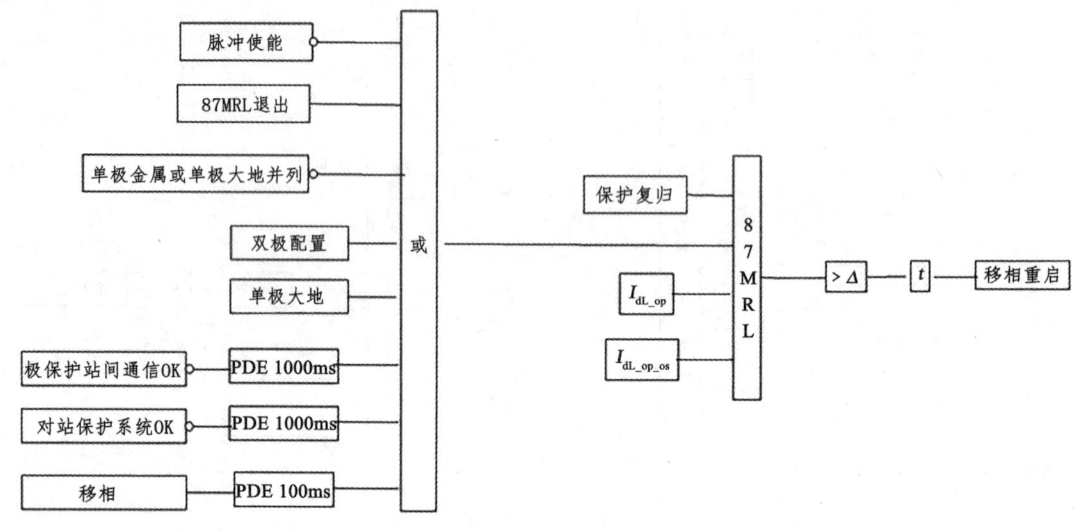

图 4-29　87 MRL 逻辑框图

保护动作方程如下：

$$|I_{dL\_op}-I_{dL\_op\_os}|>\varDelta \tag{4-43}$$

式中，$\varDelta$为启动电流；$\varDelta=\max(I_{dL\_op},I_{dL\_op\_os})\times 0.2$，整定考虑躲过最大可能运行方式的换相失败时测量回路产生的最大不平衡电流，并考虑可靠系数。

保护动作时间躲过交流系统故障的暂态过程，直流线路纵差保护（87DCLL）、直流差动后备保护的延时（87DCB），且小于接地网过流保护 76SGIII 段的延时，本保护延时分为两段，I 段延时 $t_1=600$ ms，线路重启，若 10 s 内来第二次故障则极闭锁；II 段延时 $t_2=1000$ ms，闭锁本极。

后备保护：站内接地网过流保护（76SG）、金属回线横差保护（87DCLT）。

4.6.7　交直流碰线监视（81I/U 逆变侧触发故障）

检测交、直流碰线故障时，由直流线路电流和直流线路电压中的 50 Hz 分量构成动作判据，本保护的动作分为两段，分别对应逆变站脉冲闭锁故障和交直流导线的碰线故障。逻辑框图如图 4-30 所示。

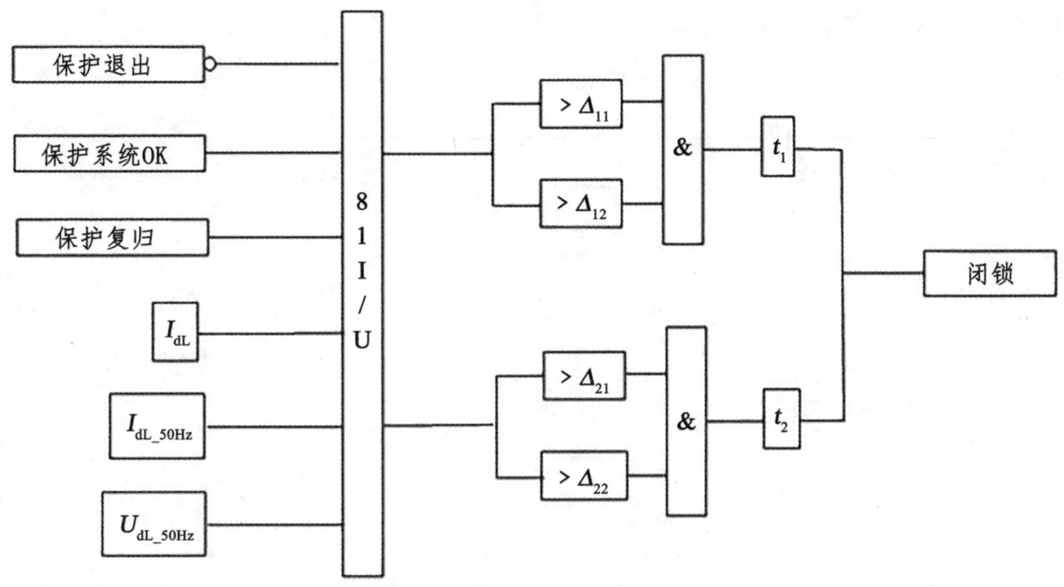

图 4-30　81I/U 逻辑框图

Ⅰ段，保护动作方程如下：

$$I_{dL\_50Hz} \geqslant \Delta_{11} \,\&\, I_{dL} > \Delta_{12} \tag{4-44}$$

式中，Δ_{11}为电流 50 Hz 分量启动定值；Δ_{12}为电流启动定值。

Ⅰ段对应逆变站脉冲闭锁故障，根据 DPT 试验结果，$\Delta_{11} = 0.4\text{p.u.} = 0.4 \times 3000\ \text{A} = 1200\ \text{A}$，$\Delta_{12} = 1.55\text{p.u.} = 1.55 \times 3000\ \text{A} = 4650\ \text{A}$，延时 t_1=0 ms。

Ⅱ段，保护动作方程如下：

$$U_{dL\_50Hz} \geqslant \Delta_{21} \,\&\, I_{dL\_50Hz} \geqslant \Delta_{22} \tag{4-45}$$

式中，Δ_{21}为电压启动定值；Δ_{22}为电流启动定值。

Ⅱ段对应交直流碰线故障，根据 DPT 试验结果，$\Delta_{21} = 0.35\text{p.u.} = 175\ \text{kV}$，$\Delta_{22} = 0.0672\text{p.u.} = 200\ \text{A}$，$t_2 = 100\ \text{ms}$。

4.7　直流开关保护配置及整定

4.7.1　金属回线转换开关保护（82MRTB）

MRTB 开关保护，即金属回线转换开关失灵保护，避免金属回线转换开关损坏，保护分为三段，逻辑框图如图 4-31 所示。

图 4-31　82MRTB 逻辑框图

Ⅰ段：大地回线转金属回线过程中，流过金属回线开关 MRS 电流小于定值，禁止打开金属回线转换开关 MRTB，保护动作方程如下：

$$I_{dL\_op} < \Delta_1 \tag{4-46}$$

式中，Δ_1 为 MRTB 开关保护Ⅰ段动作定值；

Δ_1 大于在直流电流等于零时的测量误差，低于最小功率传输时 MRTB、MRS 都闭合流过 MRS 的电流，本工程 $\Delta_1 = 0.0064\text{p.u.} = 19.2\ \text{A}$，延时时间大于 MRS 闭合后电流转移时间小于顺控执行 MRTB 分闸时间，根据厂家提供的数据和仿真试验，延时 $t_1 = 500\ \text{ms}$。

Ⅱ段：防止 MRTB 开断大电流损坏以及 MRTB 断路器失灵导致损坏。打开 MRTB 后，判断流过 MRTB 的电流，当电流大于定值时，合 MRTB，禁止打开 MRTB。保护动作方程如下：

$$I_{\text{dMRTB}} > \Delta_2 \tag{4-47}$$

式中，Δ_2 为 MRTB 开关保护动作值，Δ_2 大于在直流电流等于零时的测量误差，小于最小电流，本工程 $\Delta_2 = 0.025\text{p.u.} = 75\ \text{A}$，延时时间大于 MRTB 的操作时间而小于 MRTB 开关能承受的拉弧时间，根据厂家提供的数据和仿真试验，延时 $t_2 = 40\ \text{ms}$。

Ⅲ段：同Ⅱ段的目的一样，防止 MRTB 开断大电流损坏以及 MRTB 断路器失灵导致损坏。打开 MRTB 后，判断流过接地极线路流过的电流，对 MRTB 双重保护，当流过 MRTB 开关的电流大于保护定值时，重合 MRTB。保护动作方程如下：

$$I_{\text{dee1}} + I_{\text{dee2}} > \Delta_3 \tag{4-48}$$

式中，Δ_3 为 MRTB 开关保护动作值；Δ_3 与厂家开关特性相配合，本工程 $I_{\text{set3}} = 0.025\text{p.u.} = 75\ \text{A}$，延时时间大于 MRTB 断开后，电流从接地极转移到金属回线的时间，根据厂家提供的数据和仿真试验，取 250 ms。

4.7.2 金属回线开关保护（82MRS）

MRS 开关保护，即大地回线转换开关失灵保护，避免大地回线转换开关损坏，保护分为二段，逻辑框图如图 4-32 所示。

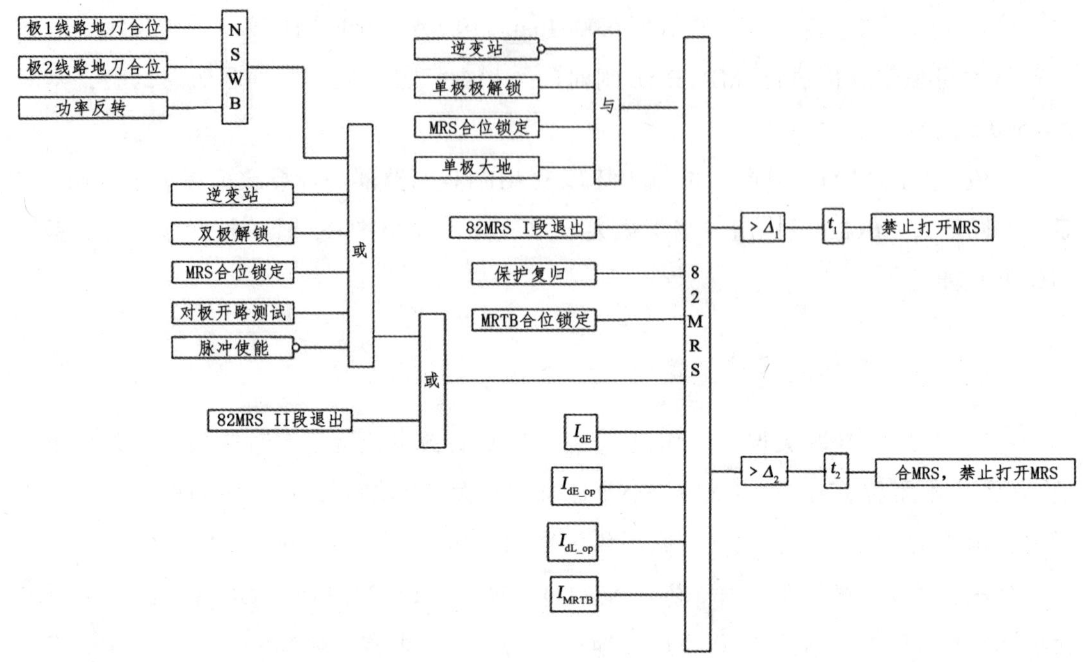

图 4-32　87 MRS 逻辑框图

Ⅰ段判断接地极流过的电流，即金属转大地过程中，如果没有电流流过 MRTB，禁止打开 MRS。保护动作方程如下：

$$I_{dE} > \Delta_1 \tag{4-49}$$

式中，Δ_1 为 MRS 转换开关保护动作值，Δ_1 大于在直流电流等于零时的测量误差，低于最小功率传输时 MRTB、MRS 都闭合流过 MRTB 的电流，本工程 $\Delta_1 = 0.024\text{p.u.} = 72\text{ A}$，延时时间大于 MRTB 闭合后电流转移时间，小于顺控执行 MRTB 分闸时间，根据厂家提供的数据和仿真试验，延时 $t_1 = 500\text{ ms}$。

Ⅱ段在打开 MRS 后，判断流过自身的电流，即判断对极线路（金属回线）电流，防止 MRS 因开断大电流及 MRS 断路器失灵导致损坏，当电流大于定值时，合 MRS，禁止打开 MRS。

保护动作方程如下：

$$I_{dL\_op} > \Delta_2 \tag{4-50}$$

式中，Δ_2 为 MRS 转换开关保护动作值，Δ_2 大于在直流电流等于零时的测量误差，小于最小电流，本工程 $I_{set2} = 0.025\text{p.u.} = 75\text{ A}$，延时时间大于 MRS 的操作时间而小于 MRS

开关能承受的拉弧时间，根据厂家提供的数据和仿真试验，延时 $t_1 = 200\ \text{ms}$ 。开关操作时间由开关生产厂家提供。

4.7.3 中性母线开关保护（82HSNBS）

中性母线开关保护是中性母线开关失灵保护。逻辑框图如图 4-33 所示。

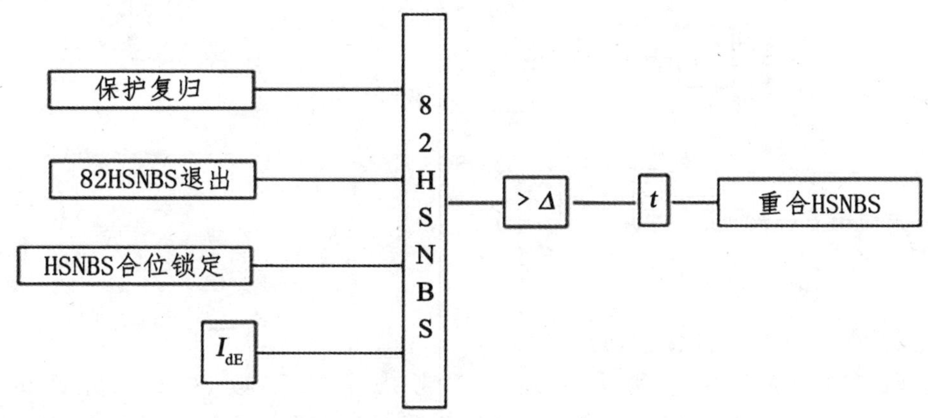

图 4-33　82HSNBS 逻辑框图

保护判据为打开 HSNBS 后，判断流过开关的电流，保护动作方程如下：

$$I_{dN} \geqslant \Delta \tag{4-51}$$

式中，Δ为电流定值，躲过测量误差，本保护取 0.04p.u.，即 120 A；延时时间大于 HSNBS 的操作时间而小于 HSNBS 开关能承受的拉弧时间，即延时 $t = 120\ \text{ms}$，开关操作时间由开关生产厂家提供。

4.7.4 高速接地开关保护（82HSGS）

高速接地开关保护是站内快速接地开关失灵保护。逻辑框图如图 4-34 所示。

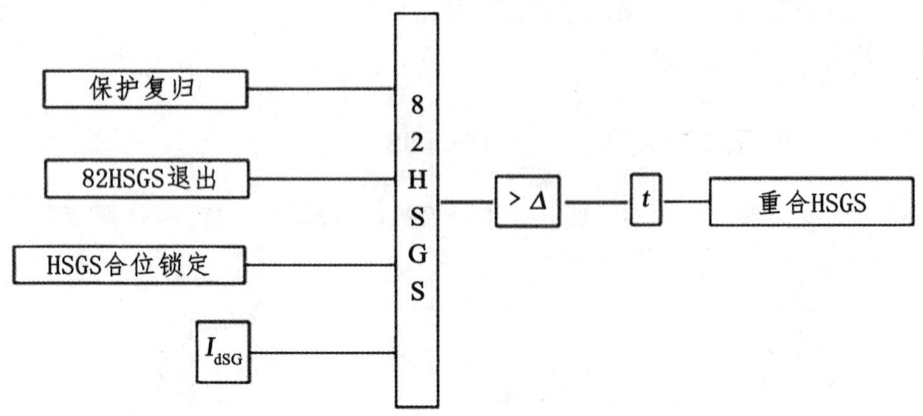

图 4-34　82 HSGS 逻辑框图

保护动作方程如下：

$$I_{dSG} > \Delta \tag{4-52}$$

式中，Δ为站地接地开关保护动作值。

电流定值需要躲过测量误差，并考虑可靠系数，根据仿真试验，$\Delta = 0.025\text{p.u.} = 75\text{ A}$。延时时间大于 HSGS 的操作时间而小于 HSGS 开关能承受的拉弧时间，延时 $t = 40\text{ms}$，开关操作时间由开关生产厂家提供。

4.8　直流滤波器保护配置及整定

直流输电系统在运行过程中，换流器会在直流侧产生谐波电压，谐波电压将在直流极线和接地极引线上产生谐波电流。谐波电流流经直流极线和接地极引线时会在附近的通信线路上感应谐波电压，从而对通信造成噪声干扰，影响通信质量。为减少流入直流线路的谐波电流，减小直流输电系统对沿线通信线路的干扰，必须在两侧换流站直流侧装设直流滤波器。

AB 直流输电工程每极配置一组直流滤波器，并联装设于高压直流母线和中性母线之间，保护配置主要有差动保护（87DF）、不平衡保护（60/61DCF）、过电流保护（OCP）、过电压保护（OVP）。图 4-35 是直流滤波器保护配置示意图，针对不同的 CT 装设位置，直流滤波器保护功能所采用的测量略有不同。对于“H”形接线的电容器，不平衡电流由不平衡电流 CT 直接测量。

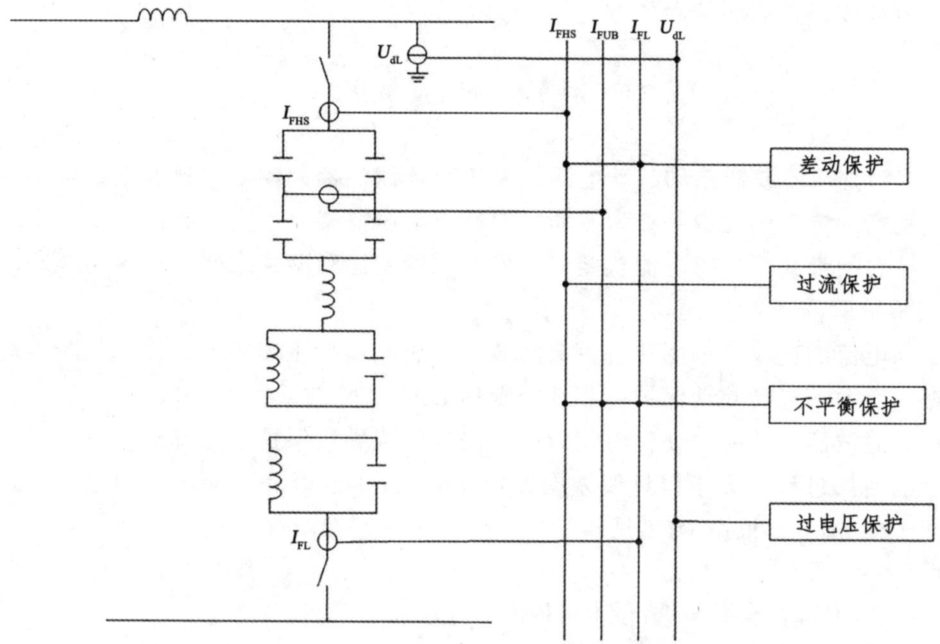

图 4-35　直流滤波器保护接线示意图

4.8.1　差动保护（87DF）

直流滤波器差动保护检测直流滤波器高压端电流互感器和低压端电流互感器之间对中性线或地短路故障，逻辑框图如图 4-36 所示。

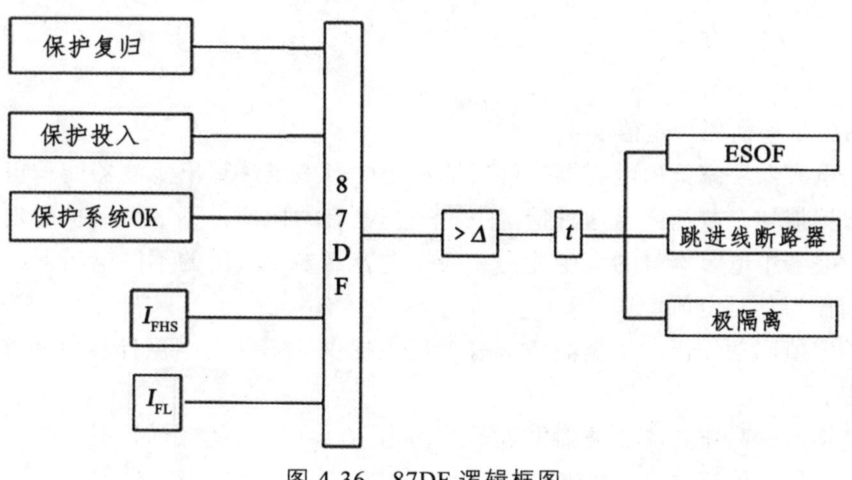

图 4-36　87DF 逻辑框图

直流滤波器差动保护动作方程如下：

$$|I_{\mathrm{FHS}}-I_{\mathrm{FL}}|>\max(\varDelta,K\times\max(I_{\mathrm{FHS}},I_{\mathrm{FL}})) \tag{4-53}$$

式中，$\varDelta$为直流滤波器差动起动电流；K为直流滤波器制动电流比例系数。

差动启动电流的选取：$\varDelta$为差动保护最小动作电流值，应按躲过正常直流滤波器额定负载时的最大不平衡电流整定，考虑互感器变比和型式未匹配产生的误差，根据DPT试验结果，$\varDelta = 20\ \mathrm{A}$。

制动电流的选取：采用流过直流滤波器低压端和高压端的电流作为判断接地故障的依据，有助于提高差动保护可靠性，根据DPT试验结果，$K = 0.2$。

直流滤波器差动保护动作时间应避免测量干扰导致保护不正确动作，躲过直流输电系统的暂态过程，大于极母线差动保护（87 HV）的时间，而小于中性母线差动保护时间（50 ms），根据DPT试验结果，保护延时$t = 25\ \mathrm{ms}$。

4.8.2　电容器不平衡保护（60/61DF）

直流滤波器高压电容器内部元件损坏，导致剩余完好元件上的过压超过元件承受范围后保护应可靠动作。通过检测直流滤波器的高压电容器两桥臂的不平衡电流与直流滤波器低压侧电流的比值作为动作依据，并根据流过直流滤波器电流的大小判断是否拉开直流滤波器高压侧隔离开关（见图4-37）。

不平衡保护动作方程如下：

$$\frac{I_{\mathrm{FUB}}}{I_{\mathrm{FL}}}>\varDelta \tag{4-54}$$

式中，$\varDelta$为不平衡保护定值。

根据电容器厂家给出电容器元件所能承受的过电压计算出滤波器能承担的损坏个数，再根据损坏个数计算出这种情况下不平衡电流的比例，不平衡保护的延时需要考虑直流滤波器中电容本身的承受能力，根据电容器参数给出的不同电压下电容器能承受的时间作为延时定值。

保护定值和动作延时根据高压电容器厂家提供的不平衡电流计算值和 DPT 试验结果整定。

整流换流站高压直流滤波器电容的结构为80串2并，整定如下：

保护Ⅰ段定值：$\varDelta_1 = 0.0057$，延时$t_1 = 10\ \mathrm{s}$。

保护Ⅱ段定值：$\varDelta_2 = 0.011\ 54$，延时 $t_2 = 120\ \text{ms}$。

保护Ⅲ段定值：$\varDelta_3 = 0.017\ 53$，延时 $t_3 = 300\ \text{ms}$。

保护Ⅰ段动作结果：告警。

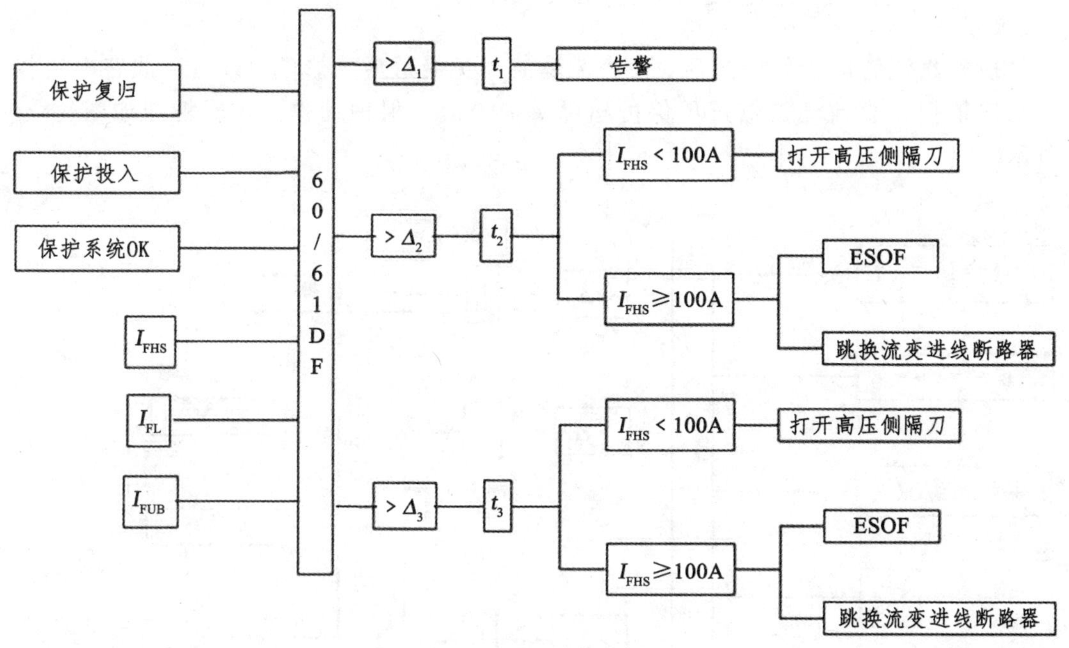

图 4-37　60/61DF 逻辑框图

保护Ⅱ段动作结果：满足条件后，如果 $I_{FHS} < 100\ \text{A}$，打开直流滤波器高压端隔离刀闸；如果 $I_{FHS} \geqslant 100\ \text{A}$，跳换流变进线断路器、紧急闭锁本级。

保护Ⅲ段动作结果：如果 $I_{FHS} < 100\ \text{A}$，打开直流滤波器高压端隔离刀闸；如果 $I_{FHS} \geqslant 100\ \text{A}$，跳换流变进线断路器、紧急闭锁本级。

逆变侧换流站高压直流滤波器电容的结构为 88 串 2 并，电容参数和个数同整流换流站略有差别，整定值也略有不同，动作结果一样。

保护Ⅰ段定值：$K_{ubzd} = 0.005\ 17$，延时 $t_1 = 10\ \text{s}$。

保护Ⅱ段定值：$K_{ubzd} = 0.010\ 47$，延时 $t_2 = 120\ \text{ms}$。

保护Ⅲ段定值：$K_{ubzd} = 0.015\ 88$，延时 $t_3 = 300\ \text{ms}$。

保护Ⅰ段动作结果：告警。

保护Ⅱ段动作结果：满足条件后，如果 $I_{FHS} < 100\ \text{A}$，打开直流滤波器高压端隔离刀闸；如果 $I_{FHS} \geqslant 100\ \text{A}$，跳换流变进线断路器、紧急闭锁本级。

保护Ⅲ段动作结果：如果 $I_{FHS}<100\ A$，打开直流滤波器高压端隔离刀闸；如果 $I_{FHS}\geqslant 100\ A$，跳换流变进线断路器、紧急闭锁本级。

4.8.3　电容器过电压保护（49/59DF）

检测直流滤波器元件过压，使直流滤波器免受过应力影响。以直流线路电压作为动作依据。直流滤波器过压保护超过保护定值，保护动作。逻辑框图如图 4-38 所示。

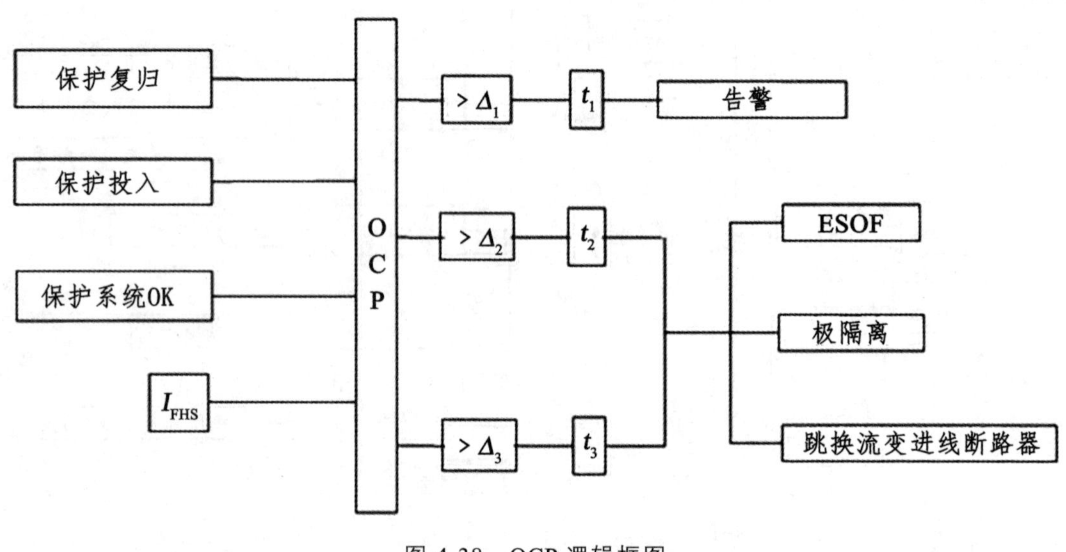

图 4-38　OCP 逻辑框图

保护动作方程如下：

$$U_{dL}>\Delta \tag{4-55}$$

式中，Δ为过电压保护动作定值。

Ⅰ段定值：$\Delta_1=1000\ kV$，Ⅰ段延时 $t_1=20\ s$。

Ⅱ段定值：$\Delta_2=600\ kV$，Ⅰ段延时 $t_2=10\ s$。

这里设置Ⅰ段动作定值大且延时时间较长，相当于不起作用，只有Ⅱ段起作用；

保护动作时间与高压电容器 C_1 的过电压能力以及直流过电压保护 59DC、接地极开路保护（59EL）的动作时间相配合。

4.8.4　过电流保护（OVP）

检测直流滤波器元件过流，使直流滤波器免受过应力影响。直流滤波器中电抗器对谐波过负荷能力最差，AB 直流滤波器中有电抗器 L_1（额定电流 154 A）、L_2（额定电流 271 A）和 L_3（额定电流 173 A）。逻辑框图如图 4-39 所示。

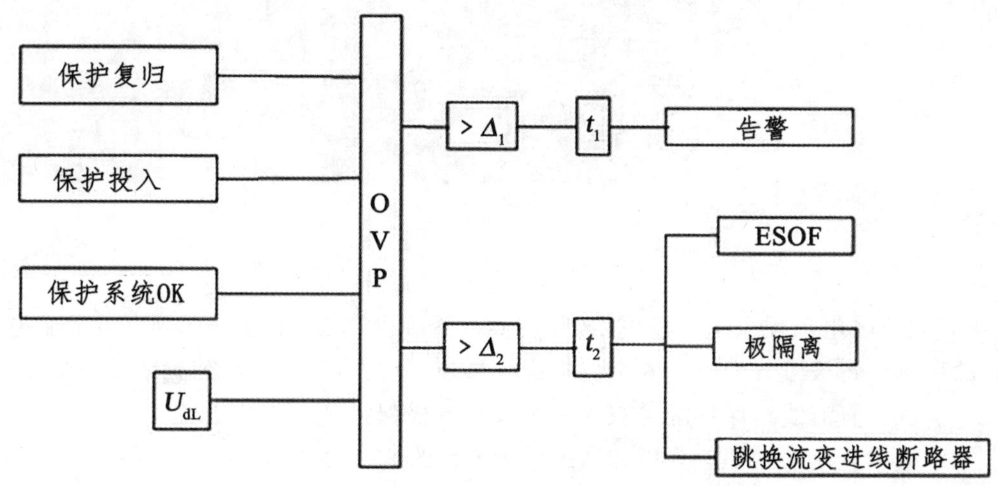

图 4-39　OVP 逻辑框图

直流滤波器包括 $L_1 \sim L_3$ 三个电抗器，其中 L_1 过流耐受水平最低，根据以往的工程经验，直流滤波器过负荷保护仅考虑 L_1 电抗器的过流能力。

检测直流滤波器元件过电流，使直流滤波器免受过应力影响。以流过滤波器高压侧的电流作为动作依据。流过滤波器的电流超过保护定值，保护动作。保护动作方程如下：

$$I_{FHS} > \Delta \tag{4-56}$$

式中，I_{FHS} 为流过直流滤波器高压侧的电流；Δ 为过电压保护动作定值。

Ⅰ段定值：$\Delta_1 = 163.9$ A，Ⅰ段延时 $t_1 = 6$ s。

Ⅱ段定值：$\Delta_2 = 233.5$ A，Ⅰ段延时 $t_1 = 5$ s。

Ⅱ段定值：$\Delta_3 = 1400$ A，Ⅰ段延时 $t_1 = 20$ s；

保护动作时间与高压电容器 C_1 的过电压能力以及直流过电压保护 59DC、接地极开路保护（59EL）的动作时间相配合。

5 典型故障分析

AB 直流输电工程采用每极单 12 脉动换流器接线方式，根据直流系统主回路接线方式的特点，每极可分为以下 6 个保护区：换流器保护区、直流极母线保护区、中性母线保护区、直流线路保护区、双极中线及接地极保护区、直流滤波器保护区。

本章根据直流输电理论分析和 AB 直流工程的 FPT/DPT 试验，给出了 AB 直流输电系统各个故障点的特征分析和故障发生时保护的反应，所涉及的故障性质包括短路故障、接地故障、设备过负荷、设备功能异常或失效、系统性能异常等。各个故障点位置设置如图 5-1 所示。

交流系统故障（F_1），在直流故障分析中，交流系统故障主要考虑的是直接影响到换流系统正常运行的故障，主要包括交流线路和换流站交流母线的接地故障、相间短路、三相短路故障等。

换流器区故障：换流阀的控制触发脉冲系统发生故障，或受到干扰未能受到正常的触发脉冲，或阀门极故障致施加触发脉冲后阀不能开通等原因产生的换流阀误触发或不触发故障；换流阀两端被短接、内外部绝缘损坏、阴极阳极间击穿等原因引起的高压阀臂短路故障（F_6）和低压阀臂短路故障（F_8）；换流变压器阀侧单相接地（F_4、F_5）或相间短路故障（F_2、F_3），6 脉动换流器出口短路故障（F_{10}、F_{11}）和 12 脉动换流器出口短路（F_{12}）；12 脉动换流器高压侧出口接地（F_{13}）、中点接地（F_7）和低压侧出口接地（F_9）等。

直流母线故障：直流母线故障包括极母线接地故障（F_{14}）、极中性母线接地故障（F_{15}）。

双极中性线及接地极故障：双极中性区域接地故障（F_{17}）、双极中性区域开路故障（F_{18}）、接地极引线开路故障（F_{19}）、接地极引线接地故障（F_{20}）。

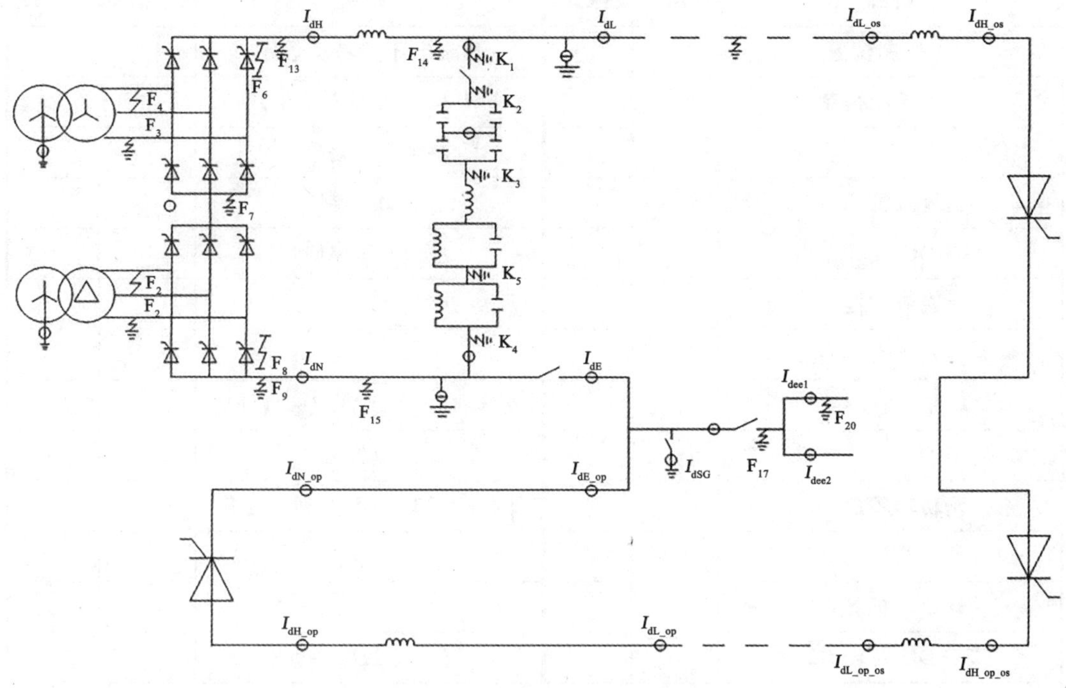

图 5-1　AB 直流故障点位置设置图

直流线路故障：直流线路故障包括直流线路金属性接地（F_{16}）、高阻接地、线路断线，与交流系统碰线、金属回线的接地短路和断线等。

直流滤波器故障：高压侧电流互感器和高压侧刀闸间的接地故障（K_1）、高压侧刀闸和高压电容 C_1 间的接地故障 K_2、高压电容 C_1 与电抗器 L_1 间的接地故障 K_3、电抗器 L_3 与低压侧电流互感器间的接地故障 K_4、电抗器 L_2 与电抗器 L_3 间引线的接地故障 K_5、桥臂的电容器短路故障等。

上述故障发生后，往往会在换流站交/直流设备上产生过应力，如过电压、过电流、对器件或设备造成损坏等；对系统造成的影响主要体现在直流功率输送短时中断，系统产生过电压或低电压，由于谐波引起功率振荡等，在系统中对直流输电的初始状态进行设置，针对上述故障进行试验，故障发生时刻，系统的运行状态，比如潮流方向、功率水平、功率控制方式、接线方式、控制方式等都会对故障结果有影响，下面进行的故障试验，每次试验都设置了故障前的状态，每项试验初始状态设置如表 5-1 所示。

表 5-1　AB 直流输电工程运行状态

项目	整流站	逆变站	项目	整流站	逆变站
1. 控制位置			**直流电压参考值设定**		
直流系统控制			极 1 电压参考值/kV		
运行人员人机界面			极 2 电压参考值/kV		
就地人机界面			**无功控制**		
CSG DC 人机界面			自动 Q 控制		
直流站控			无功功率 Q_{min} / Q_{max}/Mvar		
运行人员人机界面			自动 U 控制		
就地人机界面			交流电压 U_{acmin} / U_{acmax}/kV		
CSG DC 人机界面			手动模式		
无功功率控制			**低负荷无功功率控制限定值**		
运行人员人机界面			极 1U_{min}		
就地人机界面			极 1U_{RPO}		
CSG DC 人机界面			极 2U_{min}		
交流站控			极 2U_{RPO}		
运行人员人机界面			**极 1 操作顺序控制状态**		
就地人机界面			自动控制模式		
CSG DC 人机界面			手动控制模式		
交流站用系统控制			**极 2 操作顺序控制状态**		
运行人员人机界面			自动控制模式		
就地人机界面			手动控制模式		
CSG DC 人机界面			**极 1 有载调压**		
2. 控制级别			自动 Udi0 控制		
系统级主控站			自动角度控制		
系统级从控站			手动模式		
站级			**极 2 有载调压**		

续表

项目	整流站	逆变站	项目	整流站	逆变站
3. 控制模式及定值			自动 Udi0 控制		
潮流方向			自动角度控制		
A 站→B 站			手动模式		
B 站→A 站			**4. HVDC 站间通信正常**		
传输控制			直流站控		
手动模式			极 1 极控		
自动模式			极 1 直流保护		
极 1			极 2 极控		
双极功率控制			极 2 直流保护		
单极功率控制			**5. 直流场**		
单极电流控制			**直流场控制**		
极 2			自动模式		
双极功率控制			手动模式		
单极功率控制			**直流场状态**		
单极电流控制			极 1 大地回线		
系统稳定功能			极 1 金属回线		
功率稳定			极 1 开路试验		
功率调制			极 2 大地回线		
外部功率调制			极 2 金属回线		
站级稳定功能			极 2 开路试验		
稳定功能投入			极 1 接入		
频率限制控制（FLC）			极 2 接入		
频率范围			极 1 直流滤波器接入		
功率提升			极 2 直流滤波器接入		
功率回降			**6. 极状态**		
功率限制			极 1 接地		

续表

项目	整流站	逆变站	项目	整流站	逆变站
次同步振荡			极 1 停运		
双极功率控制定值设置			极 1 备用		
双极率参考定值/MW			极 1 闭锁		
升降速率/（MW/min）			极 1 解锁		
功率限值/MW			极 2 接地		
单极功率控制定值设置			极 2 停运		
极 1 功率指令值/MW			极 2 备用		
极 1 功率升降速率/（MW/Min）			极 2 闭锁		
极 1 功率限制/MW			极 2 解锁		
极 1 电流指令值/A			**7. 交流系统容量**		
极 1 电流升降速率/（A/min）			交流等值电源大方式（GVA）		
极 1 电流限制/A			交流等值电源小方式（GVA）		
极 2 电流指令值/A			丰大电网模型		
极 2 电流升降速率/（A/min）			枯小电网模型		
极 2 电流限制/A			孤岛模型		

5.1 交流系统故障的影响

直流输电系统设计的重要基础条件之一就是两端交流系统的条件，包括短路容量、电压、频率、负序电压、背景谐波等。交流系统条件决定了直流主回路和主设备参数的设计，以及基本直流输电控制系统控制策略，主要考虑交流电压的变化对直流输电系统的影响。直流输电两端的交流系统三相发生对称故障和不对称故障时，会在换流变压器交流侧母线产生不同残余电压，母线残余电压的大小在一定程度上可以表征交流系统内不同地点发生故障的情况。在讨论不对称故障时，除了电压大小的变化外，还应该考虑换相电压过零点相位的移动。

交流系统故障通过换流变压器传到换流阀的网侧对换流阀产生影响，不同的换流变压器接线方式对换相电压的影响也有所不同。例如，换流母线单相接地故障，换流变压器网侧故障相电压为零，对（Y，y）接线阀侧换相电压与网侧一致；对于（Y，d）接线，阀侧两相电压下降到 0.577p.u.，三相都有换相电压。如果交流线路一相断路，由于换流变压器存在三角接线，有互感作用，因此使换流变压器不同接线的换流器都有三相换相电压，仅相位发生变化。

5.1.1 整流侧交流系统故障

交流系统故障对直流系统的影响是通过加在换流器上的换相电压的变化而起作用的。当交流系统发生故障时，交流电压下降的速率、幅值以及相位的变化都会对直流系统的运行造成影响。

1. 整流侧交流系统单相故障

整流侧交流系统发生单相故障，由于不平衡相电压的影响，在直流系统将产生 2 次谐波。在故障期间，直流系统除了出现 2 次谐波外，直流电流和电压也相对减小，直流输送功率下降。在交流系统单相故障清除后，直流输送功率将快速恢复。

故障造成换流站交流母线电压下降，使整流器输出的直流电压也相应下降，并引起直流电流减小。在定电流控制下整流器触发角 α 自动减小，希望提高直流电压以维持直流电流不变。正常时触发角一般运行于 15°～20°，有一定范围可供调节，如果再考虑到换流变压器的有载调节（25%变动范围），当整流侧交流系统故障时，只靠整流器的独自调节到最小角度限制时还不能维持直流电流不变。当直流电流 I_d 因此减小到低于逆变器减额定电流控制的设定值 $I_d = I_{d0} - \Delta_I$ 时，逆变侧定电流控制投入工作，使 β 角增大，最终保持逆变侧的参考电流运行。此时直流电压取决于整流侧交流系统故障后残余电压的水平。

由直流线路联络的电网在整流侧交流系统故障后，逆变侧交流系统不会提供故障电流，但是对逆变侧交流系统也会产生干扰，这种干扰表现为突然甩掉一部分原送给逆变侧交流系统的有功功率和突增了部分无功负荷。

一般情况下，故障发生后低压限流 VDCL 会起作用，当直流电压降低到一定程度后，控制系统自动减小直流电流设定值，结果直流输电系统传输的有功功率降低，同时也降低了逆变器的无功消耗，这对直流输电两端交流系统的稳定运行是有利的。在交流系统故障切除后，随着交流系统电压的恢复，直流功率则快速恢复。

某些严重的近区故障会造成直流输电闭锁停运。这主要取决于整流器控制系统基准信号是否因故障而紊乱或消失，以及提供触发脉冲的能量是否足够。整流侧交流系统故障虽然可能造成直流停运，但是当发生瞬时性故障或故障快速消除时，控制系统甚至不需要任何特殊的操作也能使直流系统自动恢复正常输电。

整流侧发生单相瞬时（100 ms）接地故障录波如图 5-2 所示。

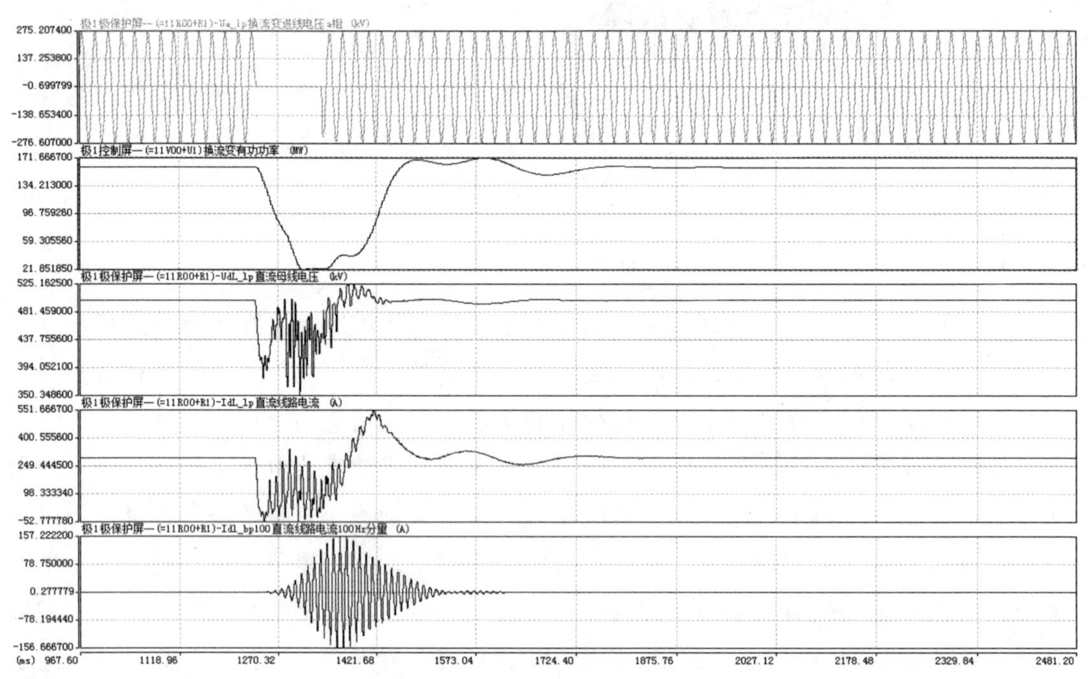

图 5-2　单相接地短路故障录波

2. 整流侧交流系统三相短路故障

交流系统发生三相对称性故障，整流器的换相电压变化与故障点距换流站的电气距离有关，故障点离换流器越近，电压下降越大，对换流器的影响越大，直至换相电压下降为零。直流系统受换相电压下降的影响，首先是直流电压下降而引起直流电流下降，电流控制从整流侧转到逆变侧，从而导致直流输送功率下降，直流电流中出现 100 Hz 交流分量。由于没有危及直流设备的过电压和过电流产生，所以不需要直流系统停运。在交流系统故障切除后，随着交流系统电压的恢复，直流功率则快速恢复。

整流侧发生三相瞬时（100 ms）短路故障录波如图 5-3 所示。

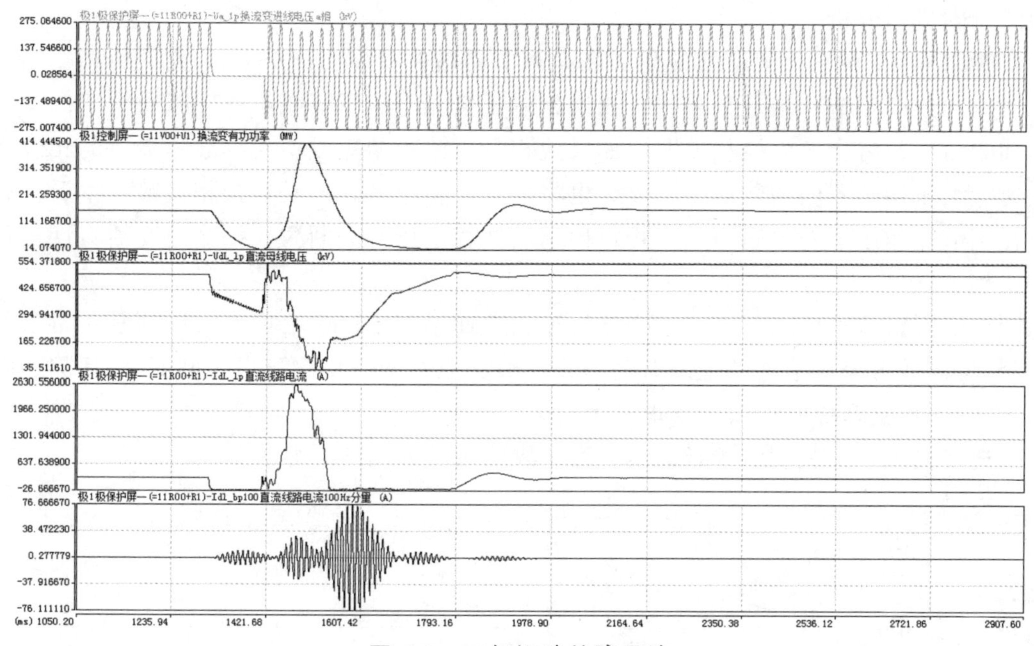

图 5-3　三相短路故障录波

5.1.2　逆变侧交流故障

逆变侧交流系统发生故障，造成换相电压下降和换相电压过零点移动，直接增加了逆变器换相角 μ 和关断角 δ 的变动。此外，电压下降导致通过逆变器阀的电流增大，这些因素都会造成换相失败故障。因此，从交流系统故障对直流输电的影响而论，逆变侧交流系统的故障影响比整流侧交流系统大。另一方面，逆变器的控制中配置有设定关断角控制。当测量到某阀的关断角 δ 角小于最小关断角 δ_0 时就能在短期内调整后继各触发超前角 β，使之增大以避免发生后继的换相失败，定关断角控制的设定值 δ_0 比导致换相失败的极限值 $\delta_{\min}$ 大而留有足够的裕量，因此，实际上逆变器的安全运行具有一定抗的扰动能力。

1. 三相短路故障

逆变侧交流系统三相短路故障使逆变站交流母线电压降低，从而使逆变器的反电动势降低，直流电流增大，可能引起换相失败。交流电压下降的速度及幅值与交流系统的强弱及故障点离逆变站的远近有关。当故障点较近时，换相电压下降的幅值大且速度快，最容易引起换相失败。以下将对交流系统发生三相短路故障可能引起换相失败的原因进行分析。

考虑到 12 脉动换流器实测的关断角调节器最快只能在 1.667 ms 完成换相电压变化对应的角度调节，在这个时间，如果相应于换相电压下降减小的关断角大于调节器增加的角度，将会发生换相失败。如果换相电压波形畸变或不对称故障造成的相位变化速度大于调节器的调节速度，那么也将发生换相失败。但是，换相失败发生后，如果在调节器作用下的关断角大于相对稳定的换相电压的关断角，那么逆变器将恢复正常换相。

在实际直流输电工程中，逆变器换相失败通常在 50 ms 之内就可以恢复正常换相（与整流器的电流调节器的性能有关），一般交流系统三相故障在 100 ms 内清除，随后 120 ms 直流系统就可以恢复正常运行。

逆变侧发生三相瞬时（100 ms）短路故障录波如图 5-4 所示。

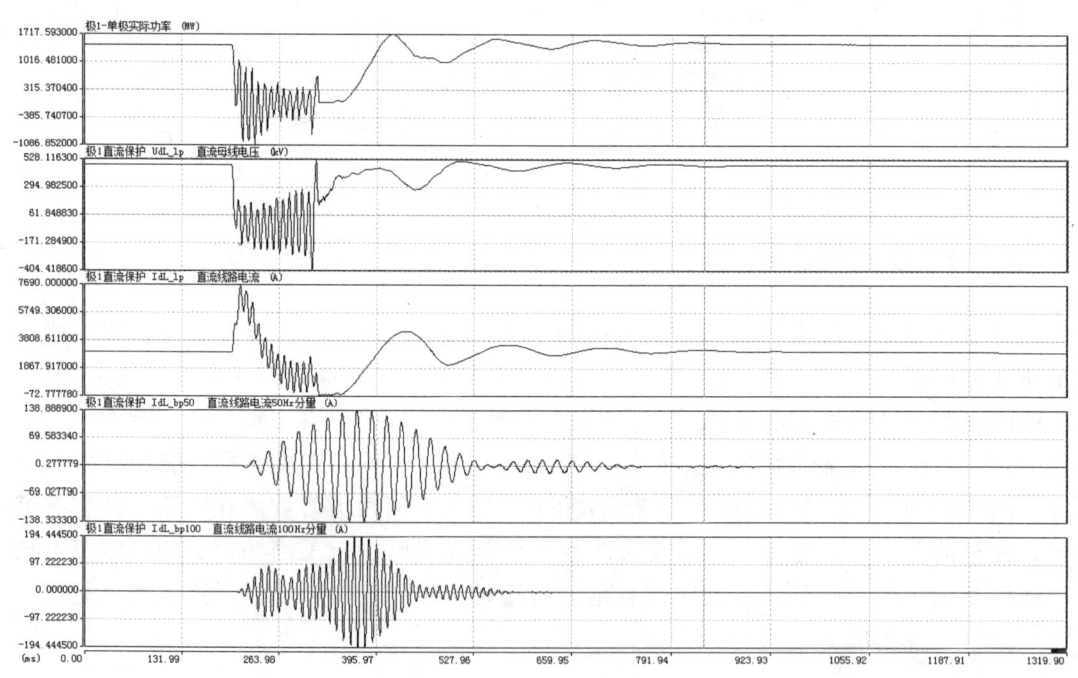

图 5-4 三相短路故障录波

2. 单相故障

逆变侧交流系统发生单相故障时，由于不平衡相电压的影响，在直流系统将产生 2 次谐波。在故障期间，直流系统除了出现 2 次谐波，直流电压减小，直流电流增大，低压电流控制 VDCL 起作用，在交流系统单相故障清除后，直流输送功率将快速恢复。

逆变侧发生单相瞬时（100 ms）接地故障录波如图 5-5 所示。

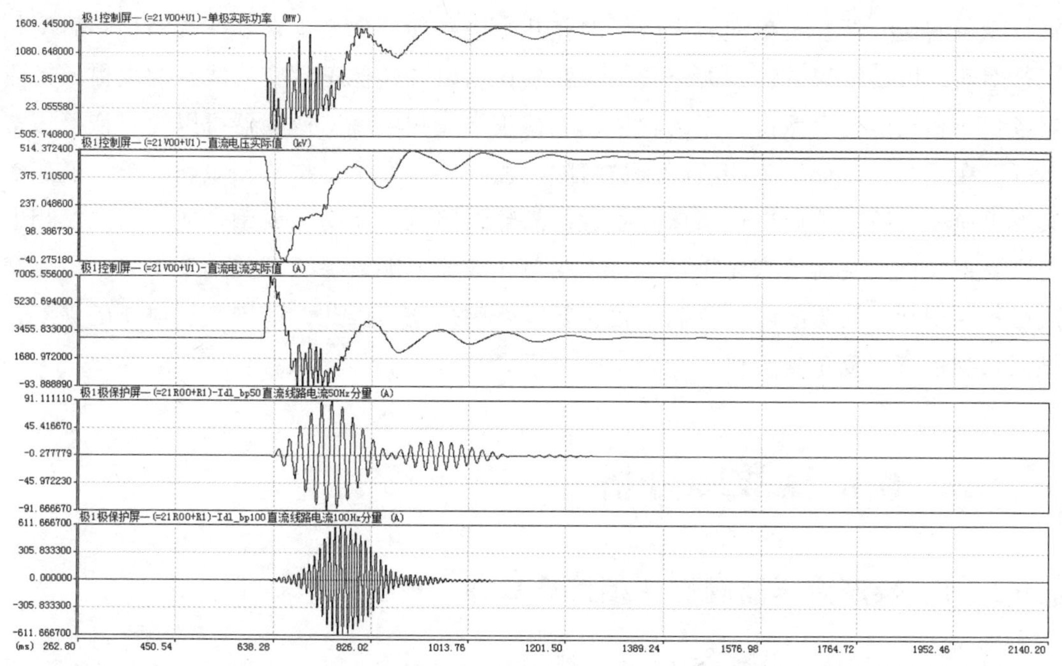

图 5-5　单相接地短路故障录波

故障发生后，考虑关断角调节作用，为保证足够的关断角，触发角被立即减小，换相失败在几十毫秒内就能恢复正常换相。当然逆变侧的触发减小受到逆变器最小触发角的限制，换相失败的严重程度与交流系统的强弱有密切的关系，AB 直流工程的受端交流系统属于弱受端系统，为了增加系统的无功支撑，减小换相失败的概率，在逆变侧装设有 3 台 100 Mvar 的 STATCOM。

5.1.3　交流单相重合闸

单相重合闸是在交流线路发生单相对地闪络故障时所采取的清除故障、恢复线路运行的措施。在 500 kV 交流系统中单相重合闸时序是：0 ms 单相对地短路故障；

100 ms 切除故障相，两相不平衡运行；1000 ms 重合故障相；重合后 150 ms 不成功跳三相。

整流侧交流系统单相重合闸，仅因清除交流故障时间增长，增加了直流扰动的时间。

逆变侧如果逆变站有多回交流线路送出，其中一回发生单相对地闪络故障时，尽管故障瞬间逆变器会发生换相失败，但在几十毫秒即可恢复正常。在故障切除后两相运行期间，由于换流变压器的三角接线互感作用以及其他正常交流线路的支撑，换流器各相换相电压仍可保持一定的幅值，维持正常换相顺序，逆变器可以逐步恢复正常运行。在重合时，如果单相故障未被清除，相当于又发生一次单相短路故障，逆变器又发生换相失败，之后再逐渐恢复正常。故障线路跳三相切除或重合成功后，换相电压恢复正常，逆变器也恢复正常运行，当单相故障不能清除（开关拒动）时，需要交流后备保护动作切除故障，从而不再执行重合闸措施。因此，随着交流电压的恢复，直流系统也将恢复正常运行。

5.2 换流器故障分析

5.2.1 换流变压器阀侧单相接地故障（F_2、F_4）

换流变压器阀侧绕组不接地运行时，对于阀侧的交流系统类似于小电流不接地系统，与换流器相连的直流系统中性母线接地运行。发生阀侧单相接地故障后，系统形成两点接地，产生较大的故障电流，因整流侧和逆变侧在系统中的位置不同，形成的故障电流大小相差较大。对于整流侧的单相接地故障形成的故障电流由整流侧交流系统的短路容量决定，逆变侧发生单相接地短路形成的故障电流大小同样由整流侧的交流系统的短路容量决定，而与逆变侧交流系统无关。但是逆变侧相对于整流侧来说，单相接地回路增加了平波电抗器、直流线路、接地极线路以及大地回路的阻抗，所以短路电流相对于整流侧的单相接地短路电流而言要小得多，基本不会造成多大的危害，甚至故障发生后，都不能引起阀短路保护动作。即便是同在整流侧或逆变侧，因接地点处于阀侧 Y 绕组和 D 绕组的不同，短路电流因形成的不同回路，短路电流也相差较大（见图 5-6 ~ 图 5-9）。

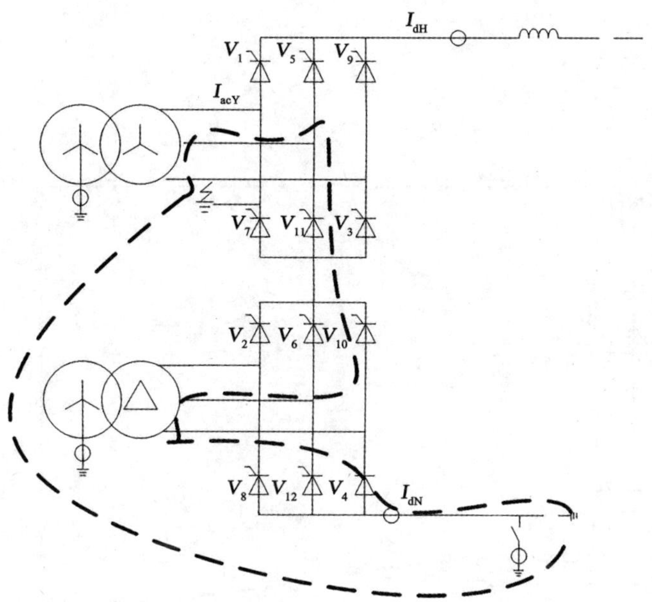

图 5-6　整流侧 Y 桥单相接地故障回路

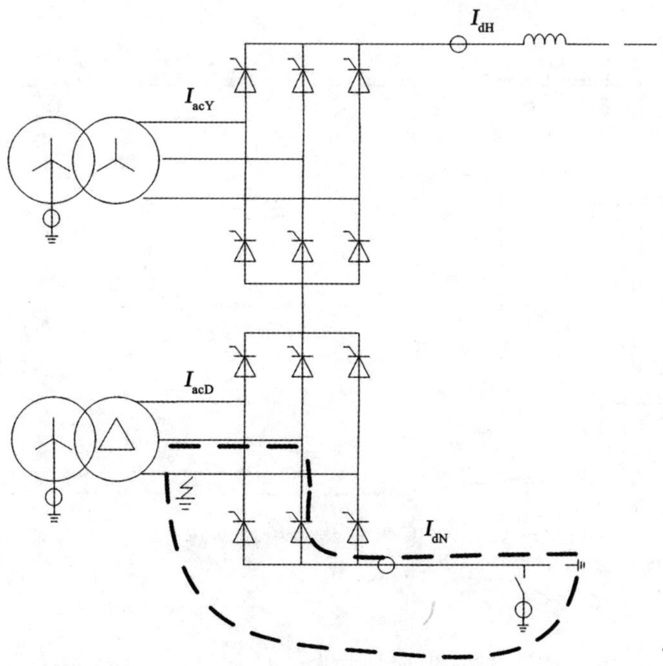

图 5-7　整流侧 D 桥单相接地故障回路

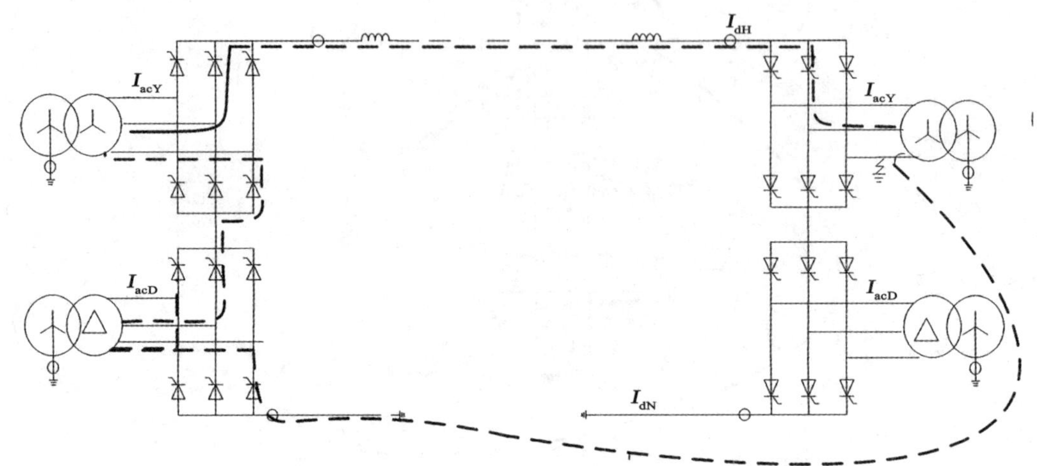

图 5-8　逆变侧 Y 桥单相接地故障回路

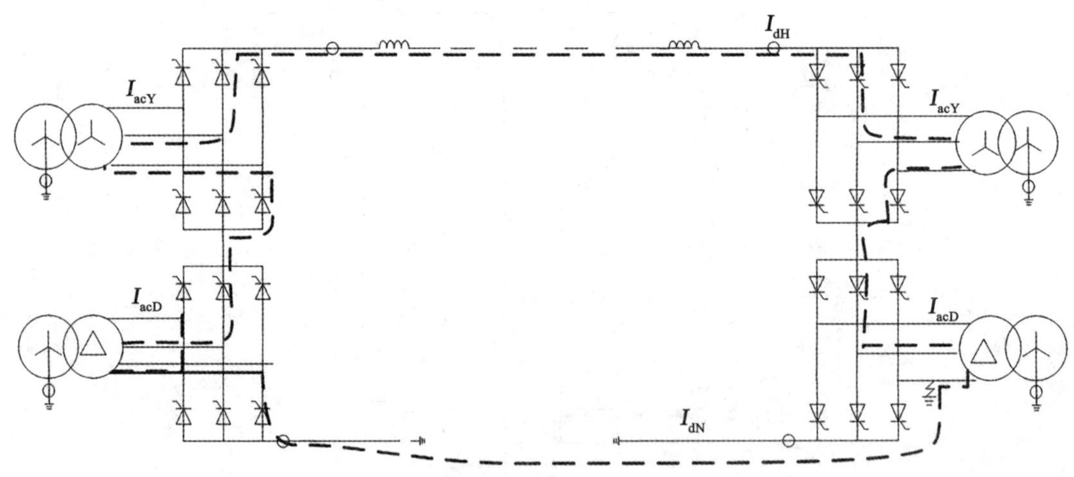

图 5-9　逆变侧 D 桥单相接地故障回路

1. 整流侧

假设整流侧 Y 桥阀侧 C 相发生接地故障，C 相接地后，Y 桥换流阀只有阀 2 和阀 4 导通，而且阀 4 和阀 2 交替导通，形成两个故障回路。一个是阀 2 导通，故障电流自故障点入地和大地回线形成回路，自接地极返回；另一个是当阀 2 相阀 4 换相后，通过阀 4 和 A 相、C 相阻抗以及故障点、站内接地网及直流接地极形成通路，因短路电阻增加，此短路电流比阀短路电流略有减小。不论 Y 桥还是 D 桥发生单相接地故障，短路电流都要流经本极中性母线，但是对于高压端的 Y 桥发生单相接地短路，短路电流还要流经低压端 6 脉动换流器和 D 桥变压器绕组，而低压端的 D 桥发生单相接地短路，经中性母线直接形成回路，相比较而言，低压端发生单相接地短路因短路阻抗小而短路电流较大。直流中性线电流在故障瞬间增大，Y 桥上半桥以及直流极线电流迅速过零，直流电压降低。

整流侧换流变阀侧单相对地短路故障录波如图 5-10 和图 5-11 所示。

上述故障的主要特征如下：

（1）主保护 87CSY/CSD、87DCM 动作，后备保护 50/51C 动作。

（2）直流电压下降、直流电流均下降。

（3）$I_{dH}=I_{acY}$ 下降，$I_{dN}=I_{acD}$ 上升。

整流侧 Y 桥单相接地故障，引起 87CSYI 段、87CSDI 段、50/51CI 段、87DCMI 段动作。整流侧 D 桥单相接地故障，引起 87CSDI 段、50/51CI 段、87DCMI 段动作。

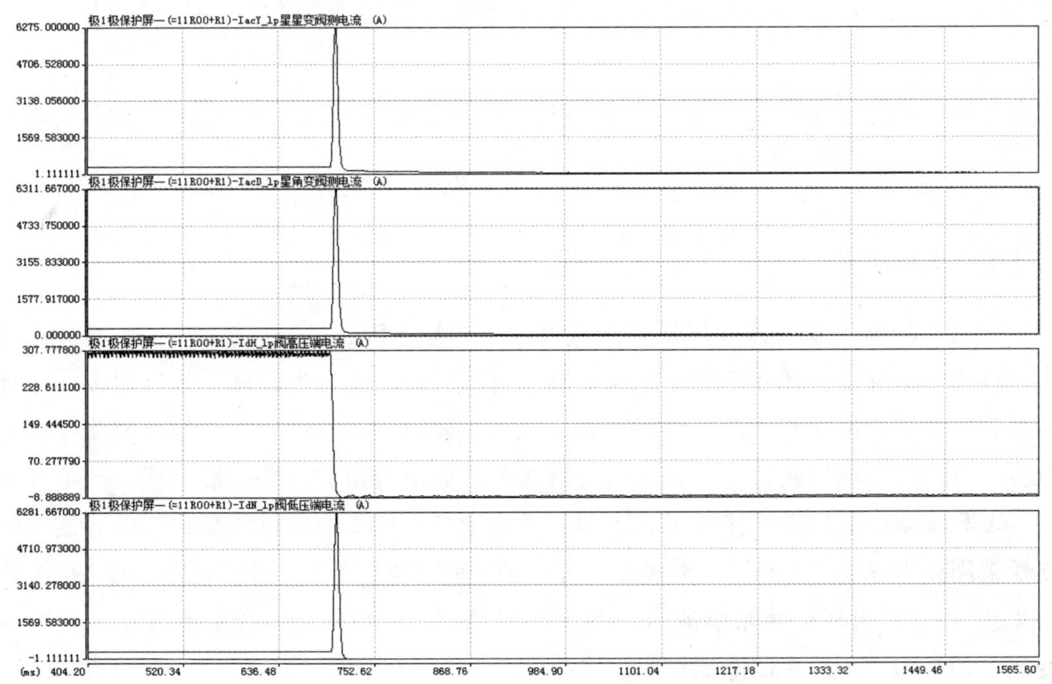

图 5-10　Y 桥单相对地短路故障录波

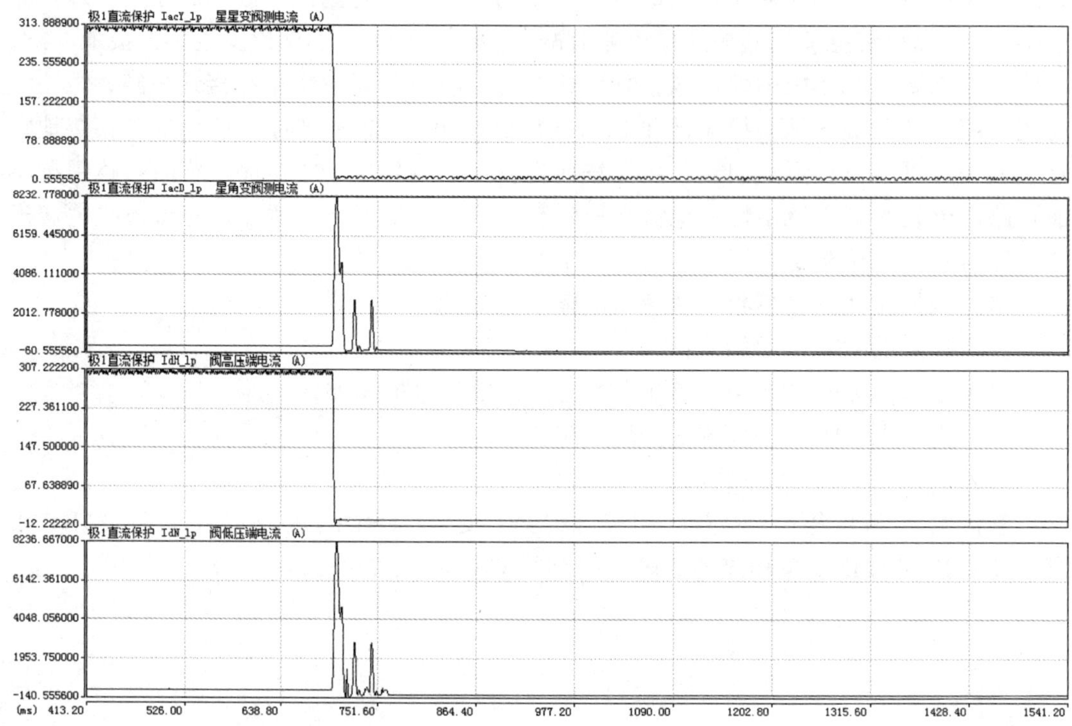

图 5-11　D 桥单相对地短路故障录波

2. 逆变侧

假设逆变侧 Y 桥换流变压器阀侧 A 相发生接地故障，A 相接地后，Y 桥换流阀只有阀 4 和阀 6 导通，阀 4 始终有电流，阀 6 电流时断时续，形成两条故障回路：一是通过整流侧、输电线路、逆变侧极母线、阀 4、故障点、接地极、大地、整流侧接地极及中性母线形成回路；另一条是通过整流侧、输电线路、逆变侧极母线、阀 6 和 B 相、A 相绕组、故障点、接地极、大地、整流侧接地极及中性母线形成回路，逆变侧 D 桥被隔离不导通，逆变侧接地极回线无电流流过。逆变侧 D 桥换流变压器阀侧 A 相发生接地故障，此时的短路电流与 Y 桥发生接地不同的短路电流会更多流经 Y 桥换流变压器的绕组，所以短路电流变小。

对于逆变侧的单相接地短路，接地故障的 6 脉动逆变器发生换相失败，直流电流增加，可能使非故障的 6 脉动换流器也发生换相失败。同样，无论哪个 6 脉动换流器发生单相接地短路，通过大地回路形成的两相短路都会使整流侧交流电流和直流中性端电流增加。但电流增加幅度相对于整流侧短路来说要小得多。

值得注意的是，从故障本身来讲，逆变侧的单相接地故障不可能引起阀短路保护动作，但是在 DPT 试验时出现了阀短路保护出口的情况，这是因为 DCM 保护后，逆变侧投旁通，引起逆变侧的两相短路，导致阀短路保护动作。

逆变侧 Y 桥单相接地故障，引起 87DCMI 段、87CSYII 段动作。逆变侧 D 桥单线接地故障，引起 87DCMI 段动作。

整流侧换流变阀侧单相对地短路故障录波如图 5-12 和图 5-13 所示。

由于不平衡换相电压的影响，直流系统会产生 100 Hz 谐波。

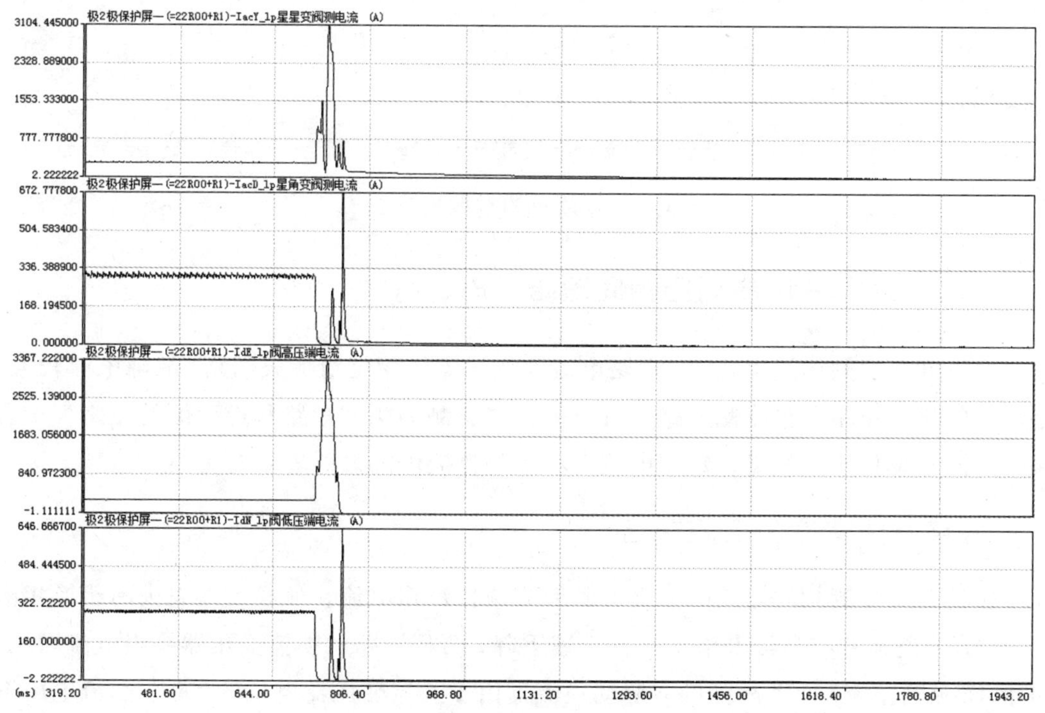

图 5-12　Y 桥单相对地故障录波

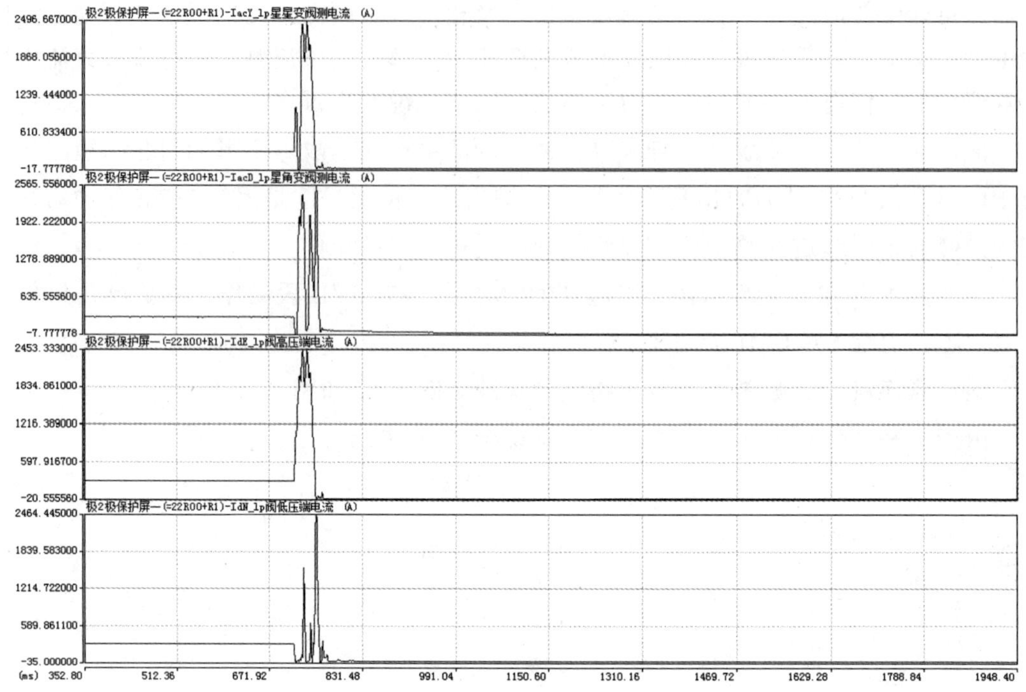

图 5-13　D 桥单相对地故障录波

5.2.2　换流变压器阀侧相间短路（F_3、F_5）

换流器交流侧相间短路时，短路电流经变压器两相绕组形成回路，故障电流较大，整流侧的相间短路与整流侧短路容量有关，逆变侧的相间短路和逆变侧的短路容量有关，不同于单相接地故障，短路电流大小都与整流侧的短路容量有关。

1. 整流器交流侧相间短路

整流器交流侧相间短路时，交流侧形成两相短路电流，使整流器失去两相换相电压，其直流电流和电压以及输送功率迅速下降，两相短路的换流变压器绕组电流增大。对于 12 脉动整流器，非故障的 6 脉动换流器由于换流变压器电抗的作用，交流电压下降得较少，但其直流电压和电流也有所下降。

整流侧 Y 桥换流变阀侧相间短路故障录波如图 5-14 所示。

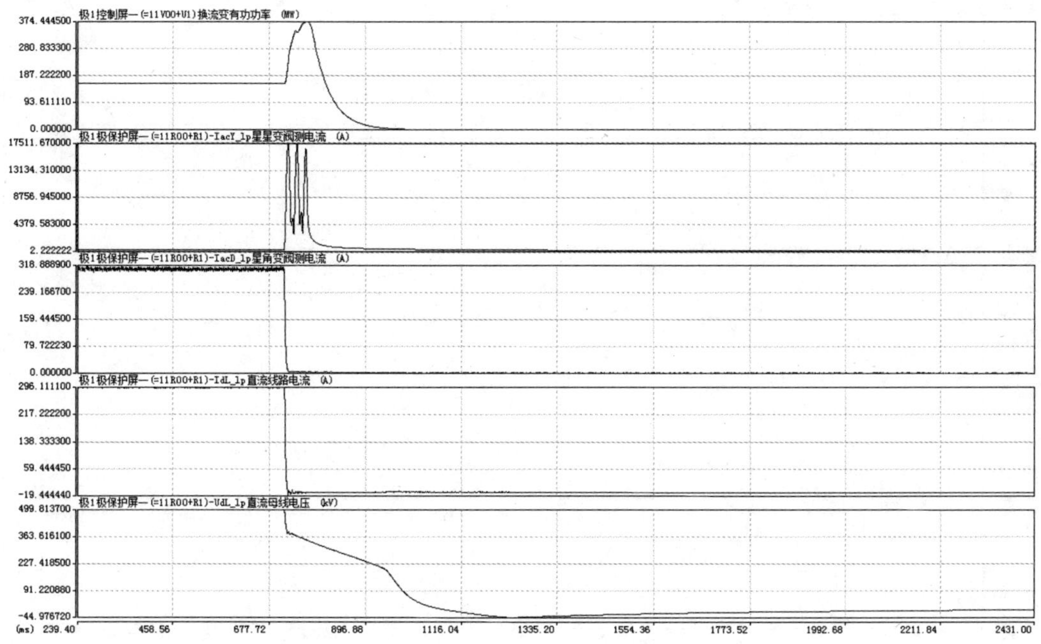

图 5-14　极 1 大地方式（150 MW）Y 桥相间短路故障录波

上述故障的主要特征如下：

（1）主保护 87CSY/CSD、后备保护 50/51C 都会动作。

（2）直流电压、直流电流均下降。

（3）$I_{dH}=I_{dN}=I_{acD}$。

2. 逆变器交流侧相间短路

逆变器交流侧相间短路时，由于逆变器失去两相换相电压以及相位不正常，使逆变器发生换相失败，其直流回路电流升高。对于 12 脉动逆变器，非故障的 6 脉动逆变器受到换相电压下降和故障的 6 脉动换流器发生换相失败使直流电流增加的影响，使其换相角增大，也易发生换相失败。

逆变站 Y 桥换流变阀侧相间短路故障录波如图 5-15 所示。

上述故障的主要特征如下：

（1）主保护 87CSY/CSD，后备保护 50/51C、87CFP 动作。

（2）直流电压下降、直流电流上升。

（3）$I_{dH}=I_{dN}=I_{acD}$，I_{acY} 上升。

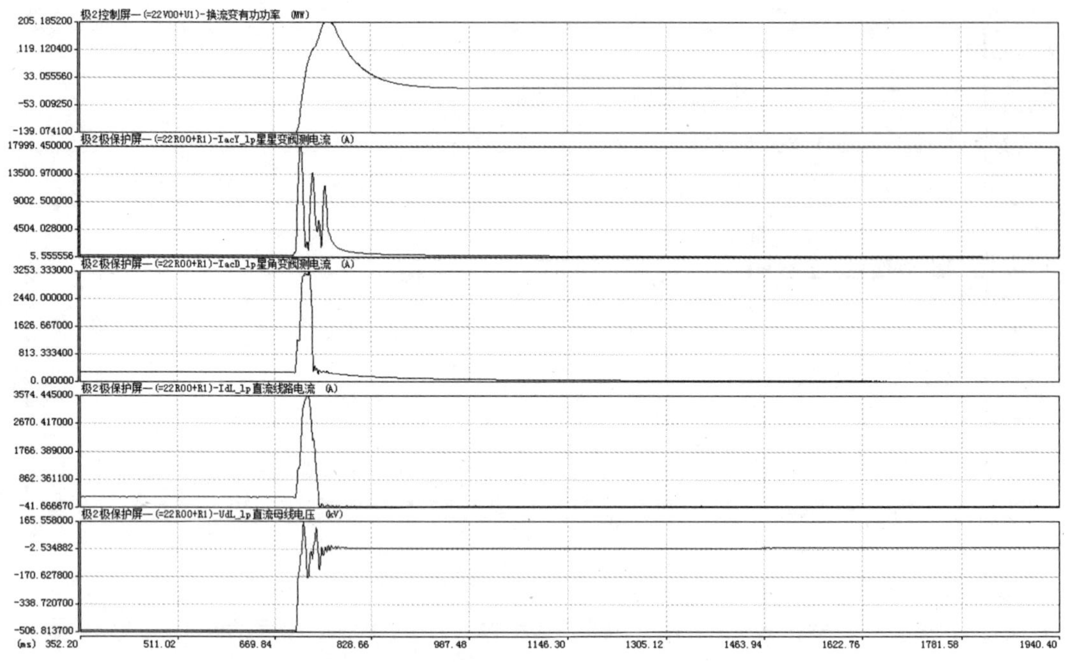

图 5-15　极 2 大地方式（150 MW）Y 桥相间短路故障

5.2.3　换流阀短路故障（F_6、F_8）

由于换流阀内部或外部绝缘损坏或被短接造成的故障，整流侧换流阀的短路是换流阀最严重的一种故障。而逆变侧发生阀短路时，因为直流线路和线路两侧平波电抗器的影响，逆变侧发生阀臂短路时，短路电流明显减小。

整流侧一个 6 脉动的阀 2 和阀 3 导通时，阀 1 发生阀短路故障，由于阀 1 承受反向电压，因此形成阀 1 和阀 3 的两相短路，换流阀内电流从 B 相电源出发，经阀 3 和阀 1 回到 A 相电源。阀短路故障发生时，阀 1（短路阀，电流反向）和阀 3（健全阀）的阀电流最大可达 10p.u.以上，阀电流上升速度可到达每毫秒几千安培，整流换流器的 D 桥阀电流为零。

故障期间，短路阀（阀 1）的阀电压始终为零，与短路阀同半桥阀（阀 3 和阀 5）的电压正、反向都增大，共同承受的电压为交流线电压 U_{ba} 和 U_{ca}，类似于交变的正弦波形。非同半桥阀的电压也类似于正弦波形交变，但幅值相对较小。

可见，在整流侧阀短路期间，故障阀与其构成短路回路的阀流过比正常工作电流大得多的故障电流，承受很大的电流应力，同半桥的阀承受了较大的电压应力，而直流回路中电流为零，直流电压在故障期间下降。

整流侧换流阀短路的特征有：

（1）交流侧交替地发生两相短路和三相短路。

（2）通过故障阀的电流反向，并剧烈增大。

（3）交流侧电流激增，使换流阀和换流变压器承受比正常运行时大得多的电流。

（4）换流阀直流母线电压下降，直流电流减小。

整流站高压阀臂短路故障录波如图 5-16 所示。

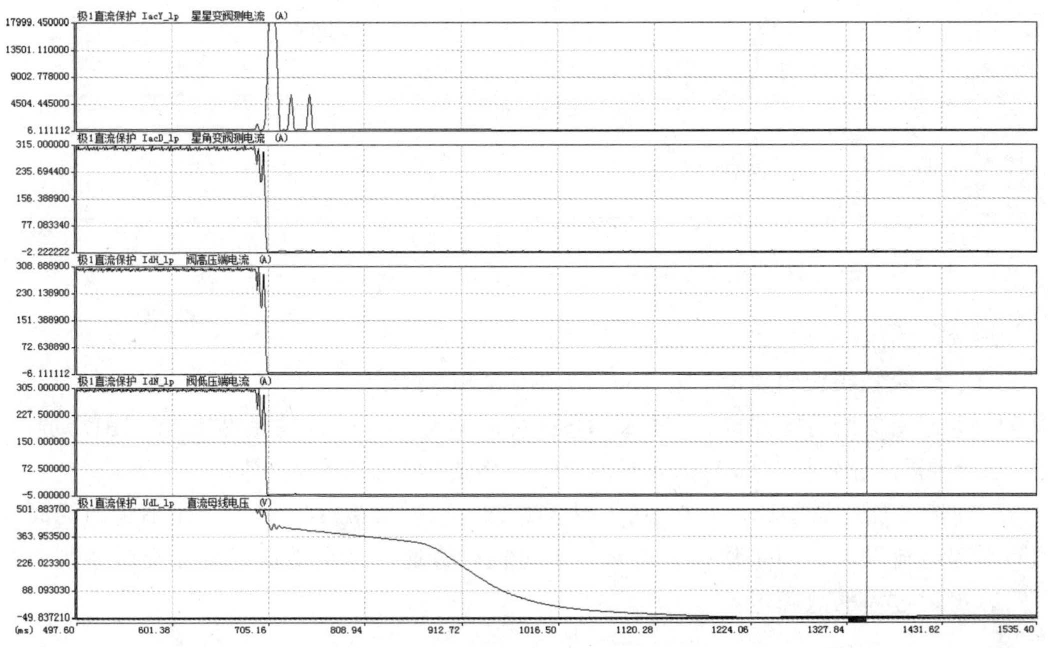

图 5-16　极 1 大地方式（150 MW）高压阀臂短路故障录波

逆变侧发生阀短路的现象与整流侧不同。假设 D 桥故障前 B 相阀 6 和 A 相阀 1 运行时，发生 C 相阀 5 短路。在阀 6 与阀 2 换相后，阀 5 与阀 2 形成（C 相）旁通对，每隔 20 ms 形成一次旁通。逆变侧阀短路故障期间，直流电压下降，直流电流增大。

逆变站高压阀臂短路故障录波如图 5-17 所示。

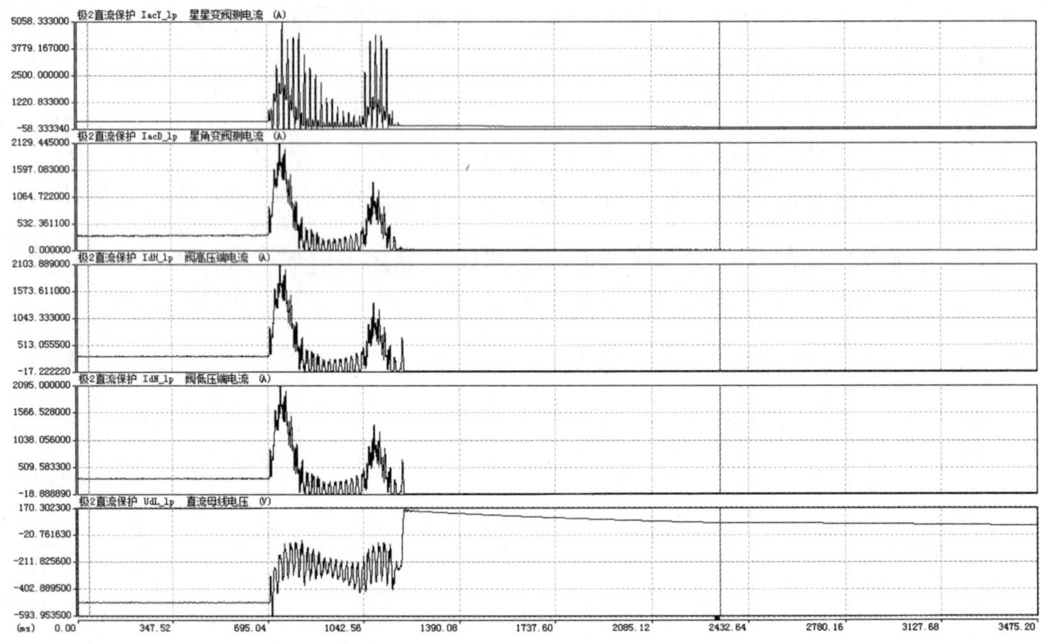

图 5-17　极 2 大地方式（150 MW）高压阀臂短路故障录波

阀臂短路故障分析：

（1）整流侧阀臂短路时，主保护 87CSY /CSD 动作。

（2）逆变侧阀臂短路时，87CSY/CSD 可能不会动作，往往是 87CBY/CBD 动作；

（3）阀臂短路时，I_{acY}与I_{acD}不再相等，而I_{dH}与I_{dN}始终相等；

（4）逆变侧阀臂短路时，在 SER 报 87CSY Ⅰ段、50/51C Ⅰ段动作不是因为阀臂故障引起电流增大，而是禁投旁通对结束时投入旁通对，会造成逆变侧交流系统两相短路，出现过大的故障电流。

5.2.4　换相失败

换相失败是晶闸管换流器不能避免的一个缺陷，它是晶闸管元件恢复阻断能力的特性所致。由于逆变侧换流阀在大多数时间里承受正向电压，而整流侧换流阀在大多数时间里承受反向电压，所以由换相电压不正常产生的换相失败一般发生在逆变侧。

换相失败是换流阀不能正确依次换相的一种现象，是逆变侧最常见的故障。当两个阀臂换相结束后，刚退出导通的阀在反向电压作用的一段时间内，如果未能恢复阻断能力，或者在反向电压期间换相过程一直未能进行完毕，这两种情况下阀电压转变为正向时被换相的阀将向原来预订退出导通的阀倒换相，称为换相失败。

换相电压的故障和扰动是引起直流输电系统换相失败最常见的原因，其发生的时刻、间隔时间的长短以及引起的后果也不相同。例如，交流系统故障引起任一桥换相失败时，瞬时故障不会引起直流系统的停运，永久故障会引起直流系统停运，交流系统引起换相失败的随机性很大。根据以往工程发生的换相失败工程可以看到，换流器一旦发生换相失败，原导通晶闸管恢复导通的速度很快，几个微秒内上升值可达到几百至上千安培，是无法依靠外部控制来挽救的。

一般来说，产生换相失败的原因主要有（见图 5-18）：

（1）逆变侧换相电压下降。换相电压的降低增大了换相时间和换相角，从而使换相角减小。

（2）逆变侧交流系统不对称故障。交流系统不对称故障引起交流线电压的过零点移动，当过零点前移时，关断角减小。

（3）暂态过程或谐波引起换相电压畸变，这也使换相电压的过零点移动和幅值变化。

（4）由于直流电流大等原因造成换相时间过长。

（5）逆变侧控制系统的触发角和关断角设定值过小。

（6）触发脉冲丢失。

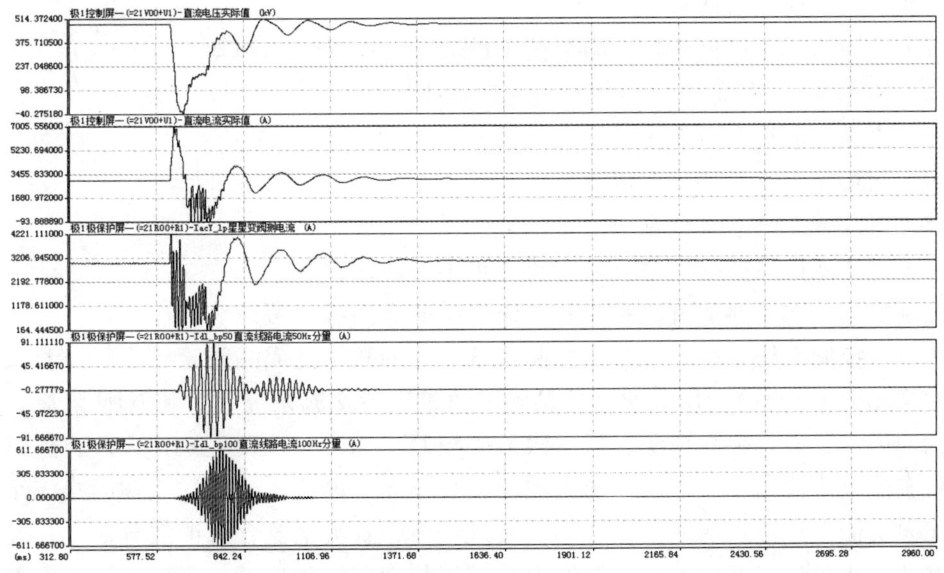

（a）逆变站交流系统单相接地瞬时短路（100 ms）引起的换相失败录波

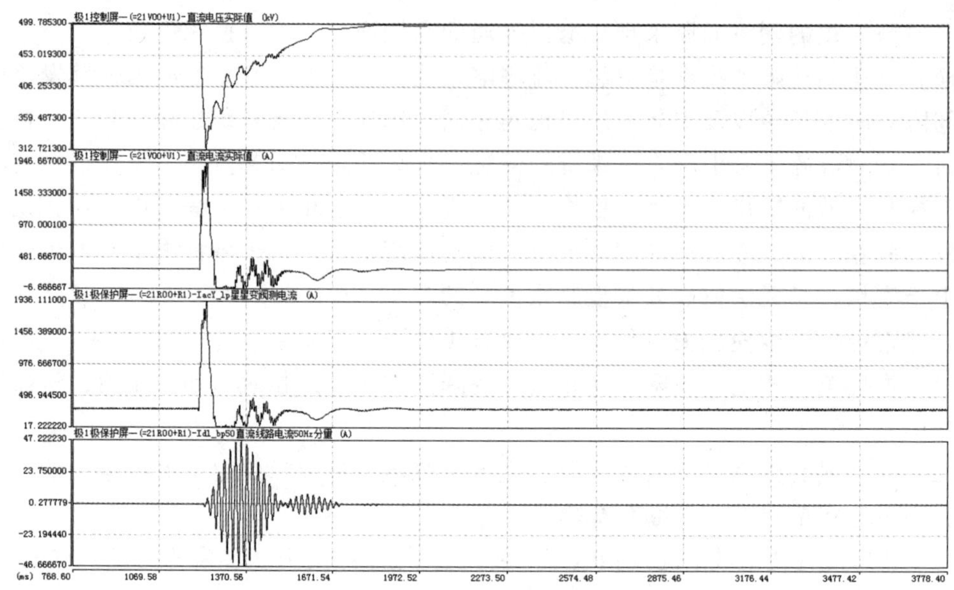

（b）逆变侧 Y 丢失触发脉冲引起换相失败录波

图 5-18 典型换相失败

换相失败的故障特征是：

（1）关断角小于换流阀恢复阻断能力的时间（大功率晶闸管约 0.4 ms）。

（2）6 脉动逆变器的直流电压在一定时间下降到零。

（3）直流电流短时增大。

（4）交流侧短时开路，电流减小。

（5）基波分量进入直流系统。

（6）换流变压器持续流过直流电流产生偏磁。

控制换相失败需要从直流系统和交流系统两方面综合考虑。

从直流控制系统分析，应避免控制系统本身的故障造成晶闸管的不触发和误触发导致的换相失败，充分利用其快速控制触发角来支持交流系统无功和电压/限制直流电流的扰动增大，换相失败预测、低压限流等控制功能。一旦发生换相失败，整流侧控制可将直流电流控制在允许值（通常控制在最小允许电流），但逆变侧因换流系统旁路不能向交流系统输送功率。在换相失败过程中，直流电流含有谐波分量，在设备不会因谐波产生过热、系统不会因谐波引起谐振等现象的前提下，可以让换相失败过程尽量延续，以便扰动过后直流输电系统可以迅速恢复功率的输送，减少直流输电系统的停运。

从交流系统看，关键是要稳定换相电压，特别是逆变换流站处于弱交流系统，提供足够的无功支持尤其重要。富宁换流站虽然配备了常规的无功补偿设备，但其投切的控制时间以秒计算，无法抵御交流系统的暂态扰动，为了满足富宁换流站交流弱系统的暂态无功支撑能力，装设 3 台 100 Mvar 容量的 STATCOM 装置。

换相失败后增大关断角，直流输电系统吸收的无功功率增加引起交流系统电压下降。由于逆变侧交流系统电压降低，整流侧的电流调节器将增大触发角以降低整流侧直流电压，从而也会导致换流器吸收无功增大进而影响整流侧的交流系统电压，换相失败的控制策略、保护配置涉及交、直流系统综合性能的问题，不是采取某一具体措施就能解决的，应从系统方面进行综合考虑。

5.2.5 换流器中点接地（F_7）

1. 整流侧

整流侧 12 脉动换流器中点接地时，整流侧 D 桥、故障点和大地构成回路，其他换流器被隔离，故障类似于换流变压器阀侧交流单相接地故障。整流侧 Y 桥换流阀、直流线路和逆变侧均无电流流过。整流侧中性母线电流增大，高压极线电流迅速过零，直流电压下降。

整流站换流阀中点对地短路故障录波如图 5-19 所示。

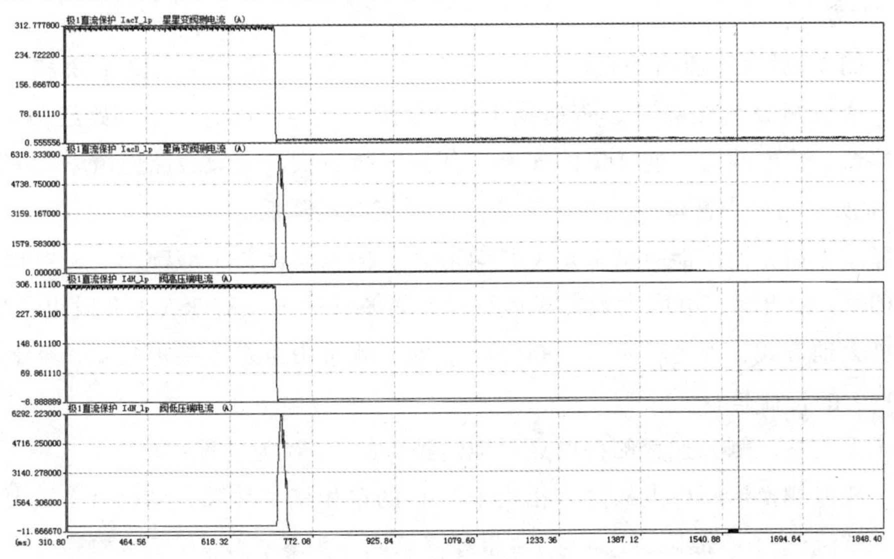

图 5-19　极 1 大地方式（150 MW）换流阀中点对地短路故障录波

富宁站换流阀中点对地短路故障录波如图 5-20 所示。

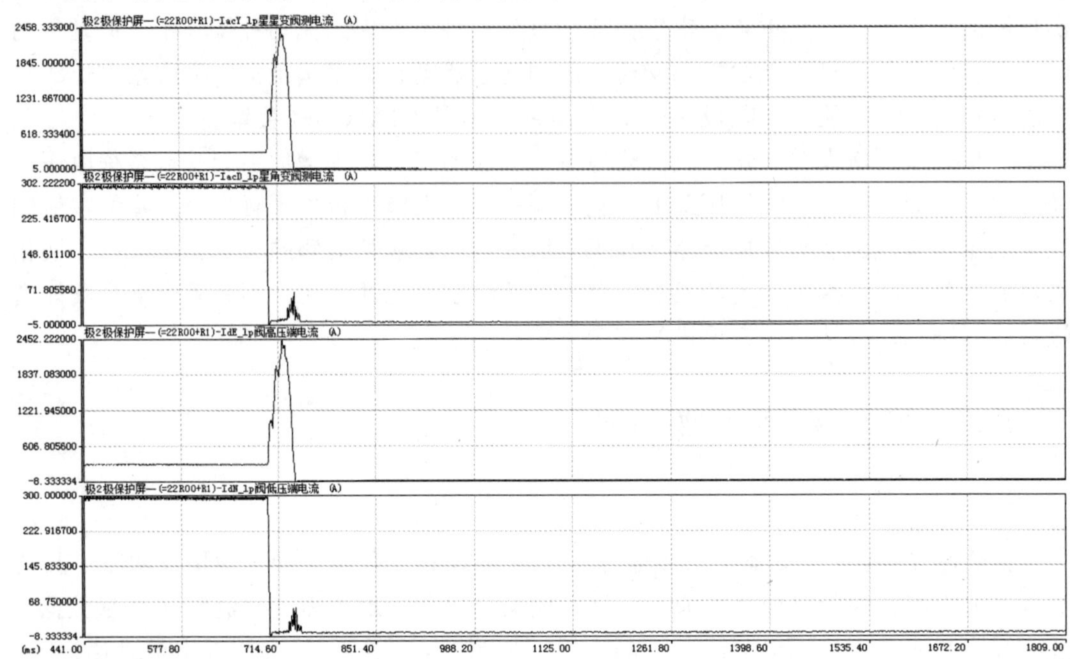

图 5-20　极 2 大地方式（150 MW）换流阀中点对地短路故障录波

2. 逆变侧

逆变侧 12 脉动换流器中点接地时，整流侧 Y 桥、D 桥、逆变侧 Y 桥和故障点构成回路，逆变侧 D 桥被隔离，逆变侧电流自故障点入地。因为整个回路经历整流侧、平波电抗器、输电线路、逆变侧的 Y 桥，线路阻抗较大，直流线路电流增大有限，逆变侧 D 桥换流阀和中性母线均无电流流过，直流电压降低。

故障发生后，换流器差动保护（87DCM），极差动保护（87DCB）、换相失败保护（87CFP）会出现，电网大地方式运行时，阀短路保护（87CSY）Ⅱ段也会出现。

双极大地方式，输送功率为 3000 MW，整流侧桥中点发生接地故障，桥中点对地短路（F_7）的特征是：

（1）无论整流侧和逆变侧桥中点对地短路，87DCM 为主保护。

（2）整流侧换流阀中点故障，相当于 D 桥的单相接地故障，87CSD Ⅰ 段要出现。

（3）整流侧的 F_7 故障，I_{acY} 与 I_{dH} 相等，急剧降为零；I_{acD} 与 I_{acD} 相等，快速增，后急剧降为零。

（4）逆变侧的 F_7 故障，相当于 Y 的单相接地故障，因为流经整流侧短路阻抗较大，87CSY Ⅱ段出现。

5.2.6 换流器低压端出口短路（F_9）

换流器低压端出口区域是指从阀厅低压端出口到平波电抗器之间的区域，与中性母线相连，发生接地故障时不会引起直流电流的明显增加，但是接地故障后，大地回路中的电流分成流过接地极和大地故障点的两部分，直流保护对极母线接地故障的反应与直流输电工程的运行方式直接相关，不同运行方式下具有不同的特征，分为单极运行和双极运行两种情况。

单极运行时，若发生换流器阀侧低压端接地故障，由于接地点的电阻小于接地极线路和接地极的电阻，本站直流电流电流主要通过接地故障点，与对站的接地极构成回路，形成阀厅低压端电流与中性母线电流的差值。

本故障的主保护是换流器差动保护（87DCM）。值得注意的是保护的电流差值和系统输送的功率有关，故障发生后输送大功率时形成的差流较大，换流器差动保护（87DCM）Ⅰ段出口，假若输送功率较小，只能延时较长的换流器差动保护（87DCM）Ⅱ段出口。单极大功率输送工况下，接地故障发生后，线路电流和接地极电流的差值也相应增大，功率增大到一定情况下，直流电流后备差动保护（87DCB）也会对此有反应。

在金属回线方式下，逆变侧高速接地开关接地，与故障点形成回路，所以高速接地开关流过大部分电流，站内接地网接地保护（76SG）和站内接地系统保护（87GSP）对此有反应。

双极平衡运行时，若发生换流器低压端接地故障，本极故障点与接地极形成回路继续运行，故障点的电流只是大地回路中电流的一部分，因双极平衡运行时，大地回路中的电流接近于零，所以故障点两侧的电流基本能保持相等，没有明显的故障差电流现象，换流器差动保护（87DCM）对此种工况下的故障没有任何反应，接地故障发生后，直流保护对此没有任何反应，也不影响系统运行。

双极不平衡运行时，大地回路中流过一定电流，故障发生后，同单极大地运行方式一样，故障点会形成明显的分流，形成故障点两侧电流不再相等，换流器差动保护（87DCM）会动作。

整流站换流阀低压端出口对地短路故障录波如图 5-21 所示。

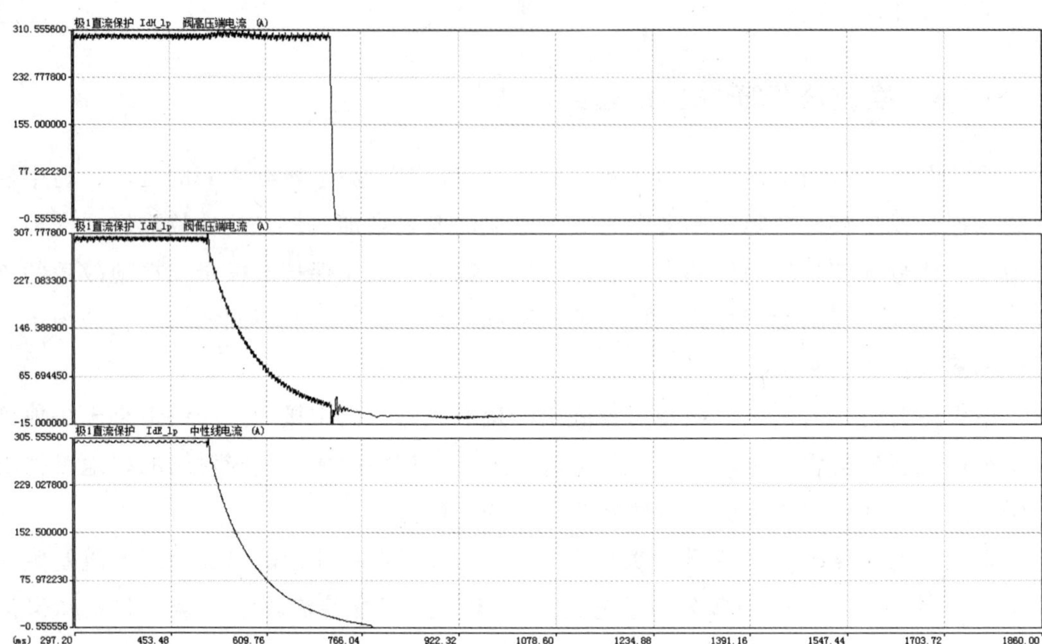

图 5-21　极 1 大地方式（150 MW）换流阀低压端出口对地短路故障录波

换流器低压出口短路故障分析：

（1）双极平衡运行，故障发生不影响系统运行。

（2）单极运行，故障发生后，直流电流增加不明显，故障点流过大地的电流占大部分。

（3）单极大地运行，故障发生引起 87DCM 保护动作。

（4）故障后，I_{acY}、I_{acD}、I_{dH} 相等，而 I_{dN} 由于短路点分流明显减小。

5.2.7　换流阀组短路（F_{10}、F_{11}、F_{12}）

换流阀组短路分为 6 脉动 Y 桥阀组短路（F_{10}）、6 脉动 D 桥阀组短路（F_{11}）、12 脉动阀组短路（F_{12}），短路发生时刻，整流侧和逆变侧现象明显不同，保护对换流阀组短路的判别主要依据换流器阀侧电流以及换流器高、低压端电流。

1. 整流侧

整流侧 Y 桥发生出口短路故障（F_{10}）。此时只有整流侧 Y 桥和短接线构成一个 6 脉动回路，剩余整流侧 D 桥以及逆变侧的换流器被隔离。因此，整流侧 Y 桥正在导通换流阀的电流迅速增加，达到约数十千安。换流阀高压极母线电流、中性母线电流、逆变侧 Y 桥和 D 桥电流都迅速变为零，直流电压降低。整流侧桥发生出口短路故障（F_{11}）。此时只有整流侧桥和短接线构成一个 6 脉动回路，剩余整流侧桥以及逆变侧的换流器被隔离。因此，整流侧桥正在导通换流阀的电流迅速增加，达到约数十千安。换流阀高压极母线电流、中性母线电流、逆变侧 Y 桥和 D 桥电流都迅速变为零，直流电压降低。图 5-22 ~ 图 5-24 是极 1 大地方式、输送功率为 150 MW 工况下，发生换流阀组短路的情况。

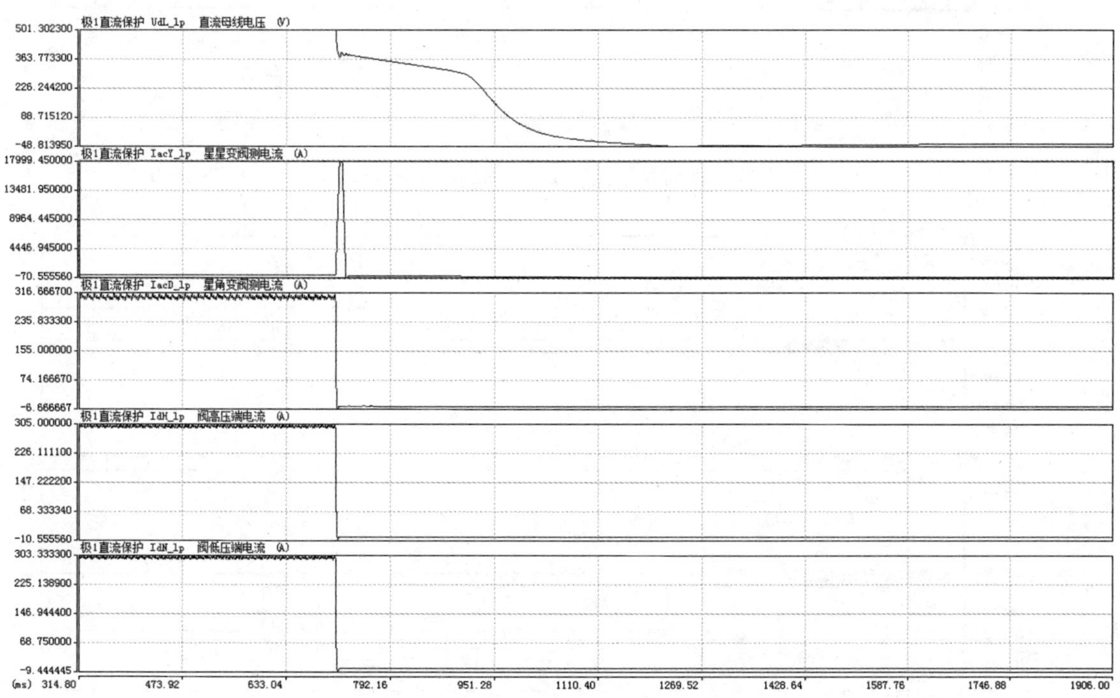

图 5-22　6 脉动 Y 桥阀组短路故障录波

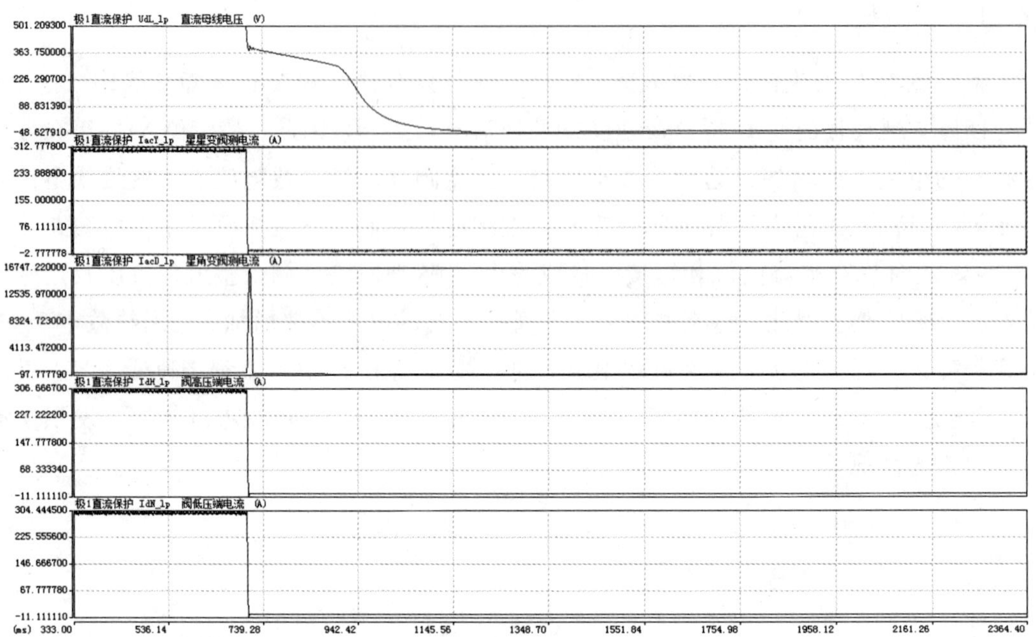

图 5-23　6 脉动 D 桥阀组短路故障录波

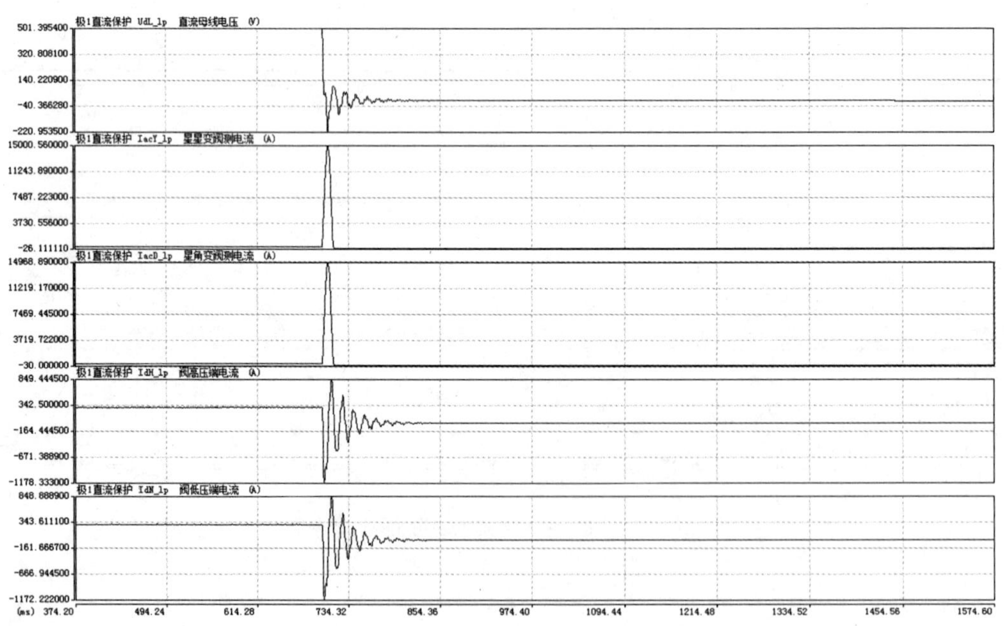

图 5-24　12 脉动阀组短路故障录波

整流侧发生 6 脉动 Y 桥阀组短路,换流变阀侧 Y 桥电流增大,引起 87CSY、50/51C 动作；6 脉动 D 桥阀组短路，换流变阀侧桥电流增大，引起 87CSD、50/51C 动作；12 脉动阀组短路，引起 87CSY/CSD、50/51C 动作。

2. 逆变侧

假设逆变侧 Y 桥发生出口短路故障（F_{10}），此时整流侧、逆变侧 D 桥和故障点构成回路，逆变侧 Y 桥被隔离，故障回路上的电流增大，而逆变侧 Y 桥电流迅速降为零，直流电压下降。逆变侧 D 桥发生出口短路故障（F_{11}）。此时整流侧、逆变侧 Y 桥和故障点构成回路，逆变侧 D 桥被隔离。故障回路上的电流增大，而逆变侧 D 桥电流迅速降为零，直流电压下降。逆变侧 12 脉动换流器发生出口短路故障（F_{12}）。此时整流侧和故障点构成回路，逆变侧 Y 桥、D 桥被隔离。故障回路上的电流增大，而逆变侧 Y 桥、D 桥电流迅速降为零，直流电压下降（见图 5-25 ~ 图 5-27）。

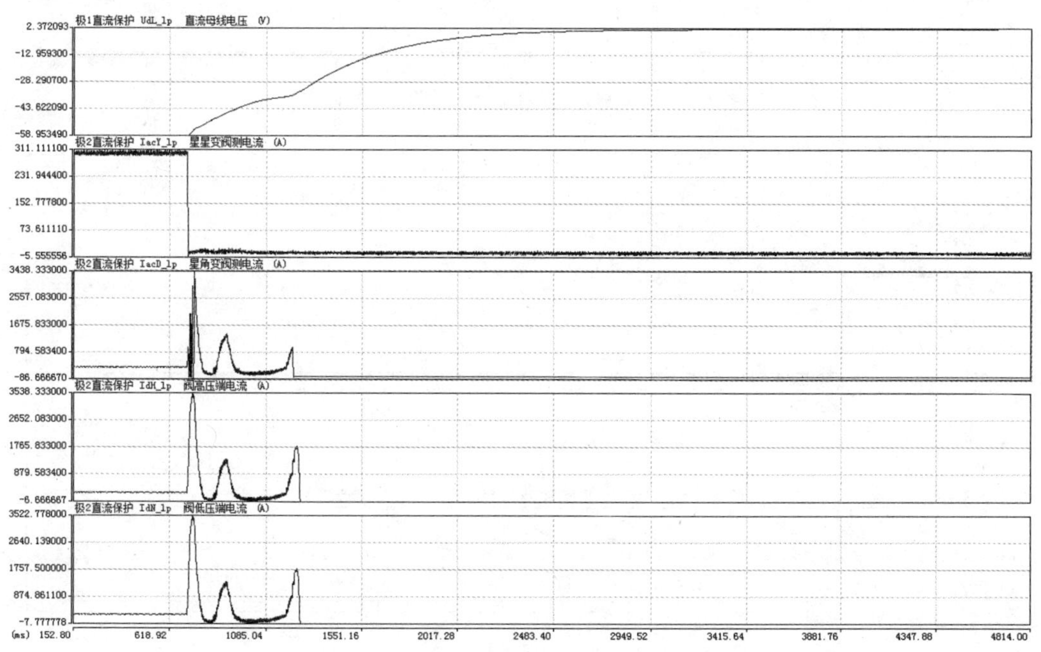

图 5-25　6 脉动 Y 桥阀组短路故障录波

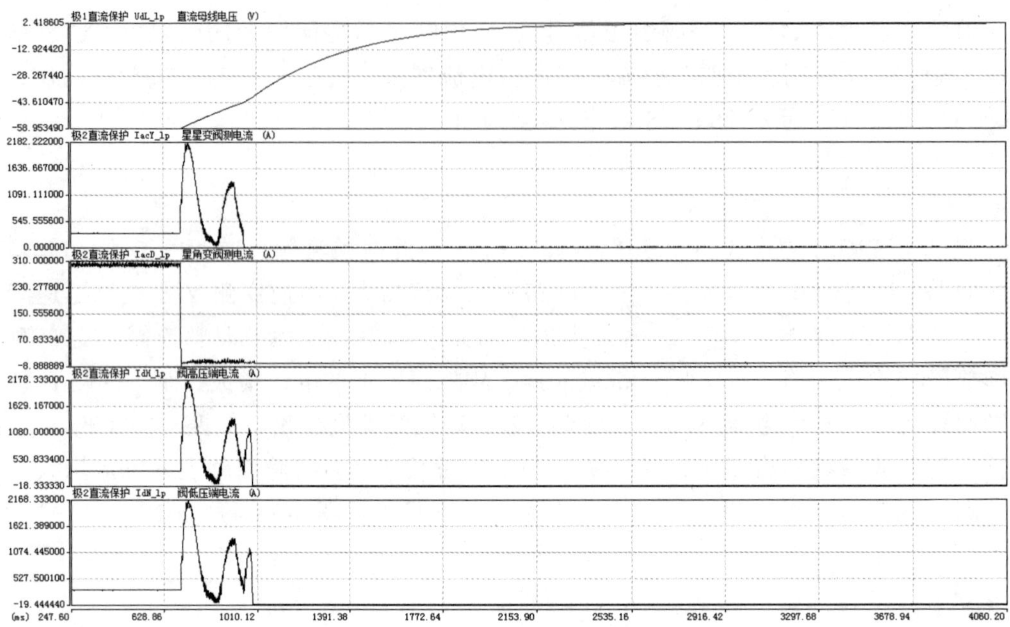

图 5-26　6 脉动 D 桥阀组短路故障录波

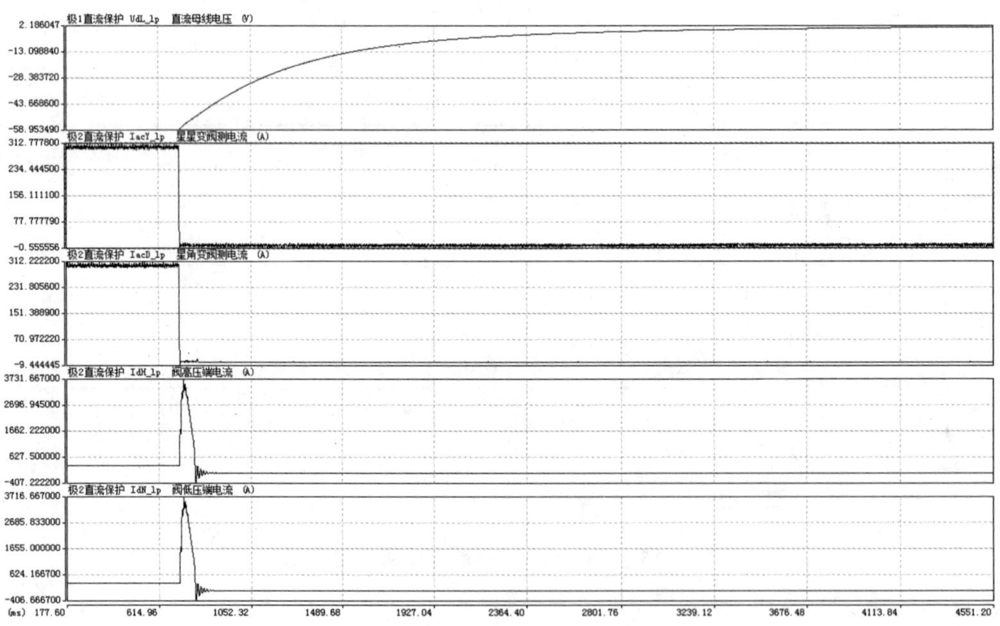

图 5-27　12 脉动阀组短路故障录波

逆变侧发生 6 脉动 Y 桥阀组短路，换流变阀侧 Y 桥电流降为零，换流变阀侧 D 桥电流增大，引起 87CFP、87CG、87CBY 动作；换流变阀侧 D 桥电流降为零，换流变阀侧 Y 桥电流增大，引起 87CFP、87CG、87CBD 动作；12 脉动阀组短路，引起 87CFP、87CG 动作。

5.2.8　换流器高压端出口短路（F_{13}）

换流器高压端出口短路短整流侧与逆变侧现象明显不同，整流侧出口短路相当于阀短路，逆变侧出口短路相当于直流输电线路末端短路，保护对换流器高压端出口短路的判别主要是依据换流器阀侧电流以及换流器高、低压端电流。

1. 整流侧

如果在整流器两个阀正常工作期间发生直流出口短路，相当于发生了交流两相短路；当下一个阀开通换相时，将形成交流三相短路。如果在换流阀进行换相期间发生直流出口短路，就相当于发生了三相短路。整流器直流侧出口短路与阀短路的都会产生很大的短路电流，短路电流流过换流变压器和换流阀，造成较大的电流应力，不同之处是出口短路换流阀仍可保持单相导通的特性。

故障发生后，整流侧换流阀电流和故障点阀侧的直流电流都将迅速增大，故障点两侧的电流都流向故障点。直流电压降低，中性母线电压发生明显振荡，峰值可达到几百千伏。逆变侧换流器回路中的直流电流迅速下降，由于直流滤波器和线路构成放电回路，逆变侧线路出口电流和整流侧线路出口电流下降后，在零附近小幅振荡。

故障发生后，换流器高压端电流快速下降，换流变阀侧电流和换流器低压端电流快速上升，87CSY/CSD、87DCM 保护动作（见图 5-28）。

2. 逆变侧

逆变侧换流器出口接地时，与直流线路末端短路类似，由于逆变侧平波电抗器的作用，故障电流相对于输电线路末端短路上升速度较慢，数值也减小。总的来说，整流侧换流阀电流、直流电流以及逆变侧故障点线路侧直流电流都将增大，直流电压降低，中性点母线直流电压形成减幅振荡。逆变侧换流阀回路中的直流电流迅速下降到零，不会对换流阀和换流变压器产生过电流危害。

故障发生后，换流器高压端电流上升，换流变阀侧电流和换流器低压端电流快速下降，87CFP、87DCM 保护动作。

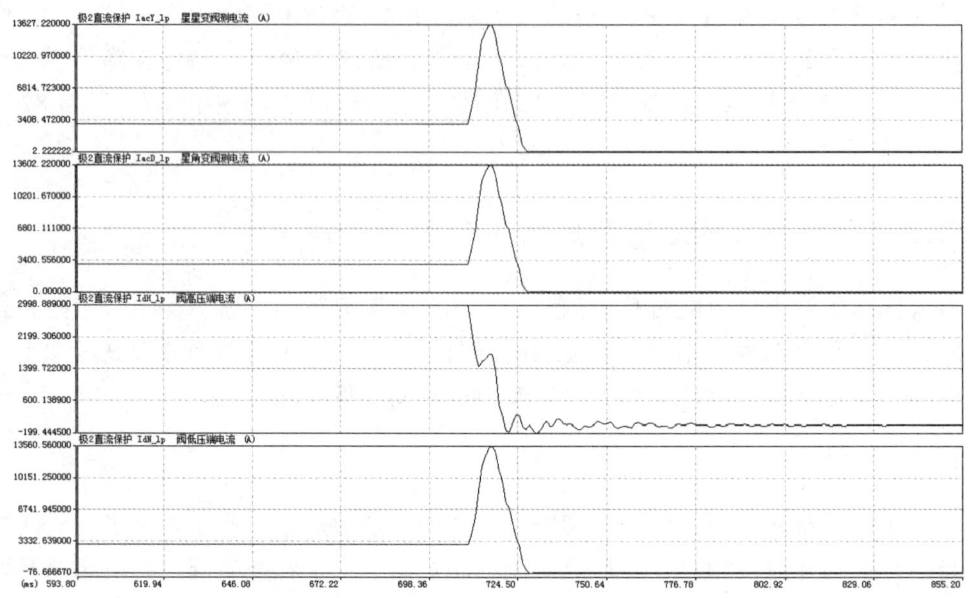

图 5-28 换流器高压端出口短路整流侧录波

单极大地方式、150 MW、换流阀高压出口短路故障逆变侧故障录波如图 5-29 所示。

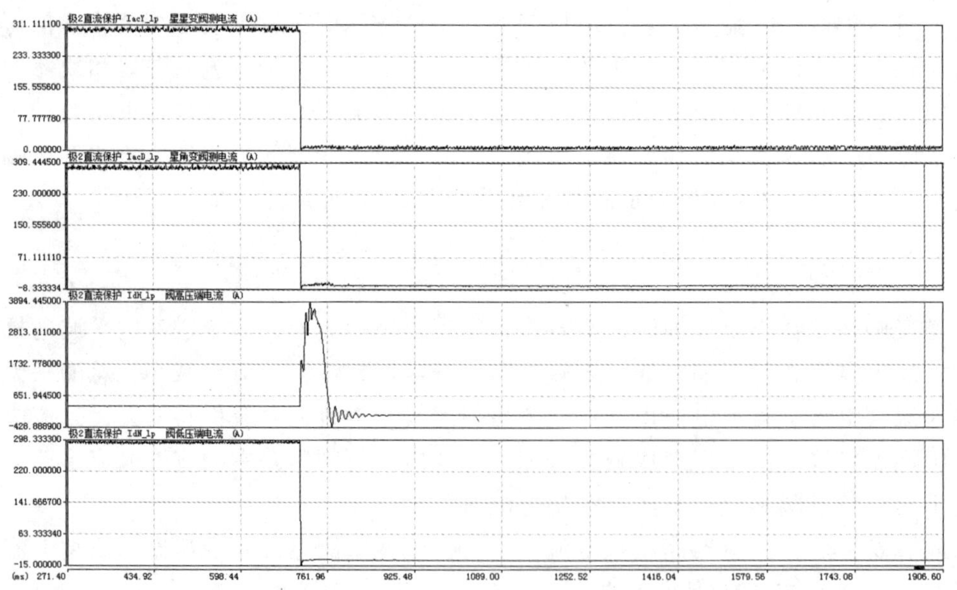

图 5-29 换流器高压端出口短路逆变侧录波

5.3 母线短路故障分析

5.3.1 极母线接地故障（F_{14}）

极母线是指从平波电抗器到直流线路出口的一段区域。在极线平波电抗器的平滑作用下，不论在整流侧还是逆变侧，极母线接地故障和换流阀出口接地故障时的直流电压变化特性存在明显的区别，极母线发生线路故障时直流电压下降的速率比换流阀出口接地故障时直流电压下降的速率快，这一特性对直流保护系统分区配置有直接作用。在换流站直流开关场中，通常极母线两端设置有直流电流检测装置，保护判据主要依据极母线两侧的换流器高压端电流和直流线路电流判别；对于极母线发生接地故障，会引起线路电压突然降低，对站反应电压突变的保护也会动作。

单极大地方式、150 MW、极母线基地故障的故障录波如图 5-30 和图 5-31 所示。

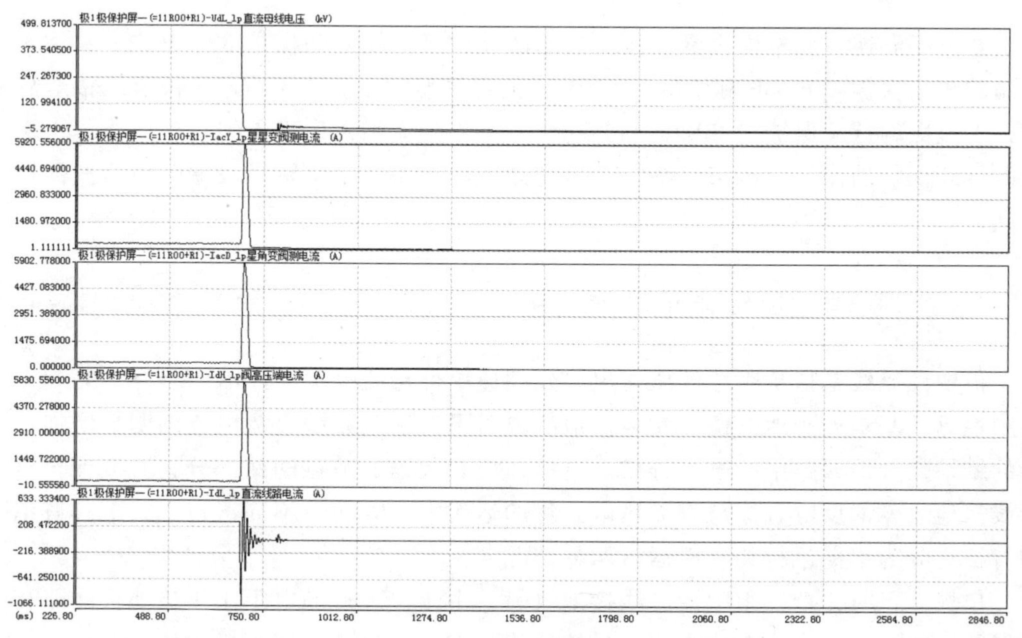

图 5-30　整流侧故障录波

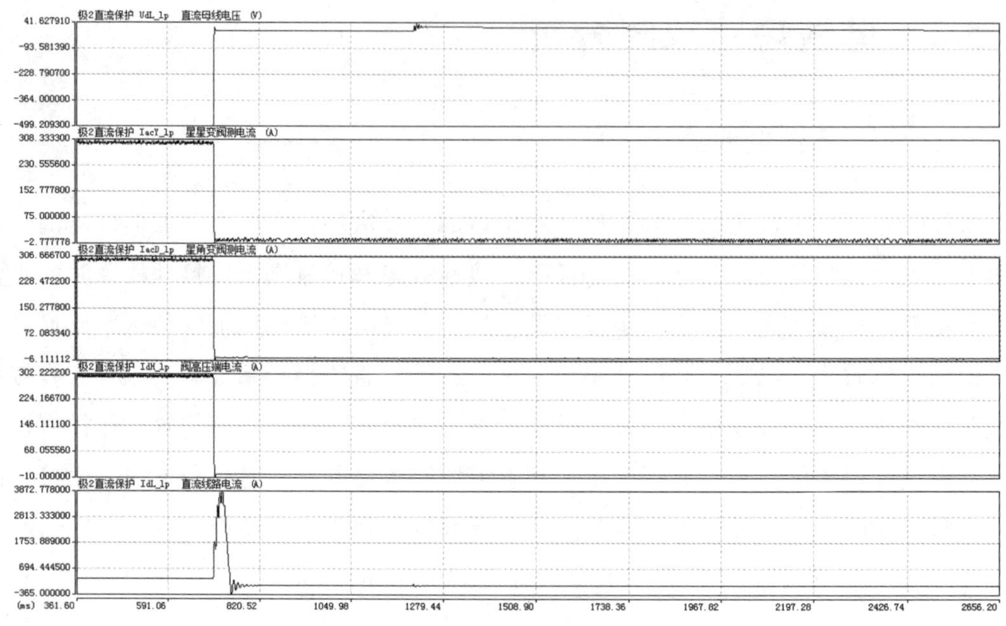

图 5-31 逆变侧故障录波

整流侧和逆变侧发生极母线接地短路故障，极母线差动保护 87 HV 动作。另外，对站的线路保护 WFPDL 和 27du/dt 动作。值得注意的是，逆变站发生极母线接地故障后，整流侧的行波保护 WFPDL 都会动作，但当整流站发生极母线接地故障后，逆变侧的行波保护动作与否与直流系统的输送的功率有关，功率输送较低时，行波保护不会动作。

5.3.2 极中性母线接地故障（F_{15}）

极中性母线是指从阀厅低压端出口到高速中性母线开关（HSNBS）的一段区域。因中性母线基本处于地电位，发生接地故障时不会引起系统直流电流的明显增加，造成的结果是大地回路中的电流分成流过接地极和大地故障点的两部分，直流保护对极母线接地故障的反应直接与直流输电工程的运行方式相关，不同运行方式下具有不同的特征，分为单极运行和双极运行两种情况。

单极运行时，若发生中性母线接地故障，由于接地点的电阻小于接地极线路和接地极的电阻，本站直流电流主要通过接地故障点，与对站的接地极构成回路，形成中性母线电流与接地极电流的差值。本故障的主保护是中性母线差动保护（87LV），值得注意的是保护的电流差值和系统输送的功率有关，故障发生后输送大功率时形成的差流较大，中性母线差动保护（87LV）Ⅰ段出口，假若输送功率较小，只能延时较长的中性母线差动保护（87LV）Ⅱ段出口。单极大功率输送工况下，接地故障发生后，线路电流和接地极电流的差值也相应增大，功率增大的一定情况下，直流电流后备差动保护（87DCB）也会对此有反应。

在金属回线方式下，逆变侧高速接地开关接地，与故障点形成回路，所以高速接地开关流过大部分电流，站内接地网接地保护（76SG）和站内接地系统保护（87GSP）对此有反应。

双极平衡运行时，若发生极中性母线接地故障，本极故障点与接地极形成回路继续运行，故障点的电流只是大地回路中电流的一部分，因双极平衡运行时，大地回路中的电流接近于零，所以故障点两侧的电流基本能保持相等，没有明显的故障差电流现象，中性母线差动保护（87LV）对此种工况下的故障没有任何反应。双极不平衡运行时，若发生中性母线接地故障，则故障点两侧有差电流，现象同单极大地运行方式类似。

极中性母线接地故障录波如图 5-32 和图 5-33 所示。

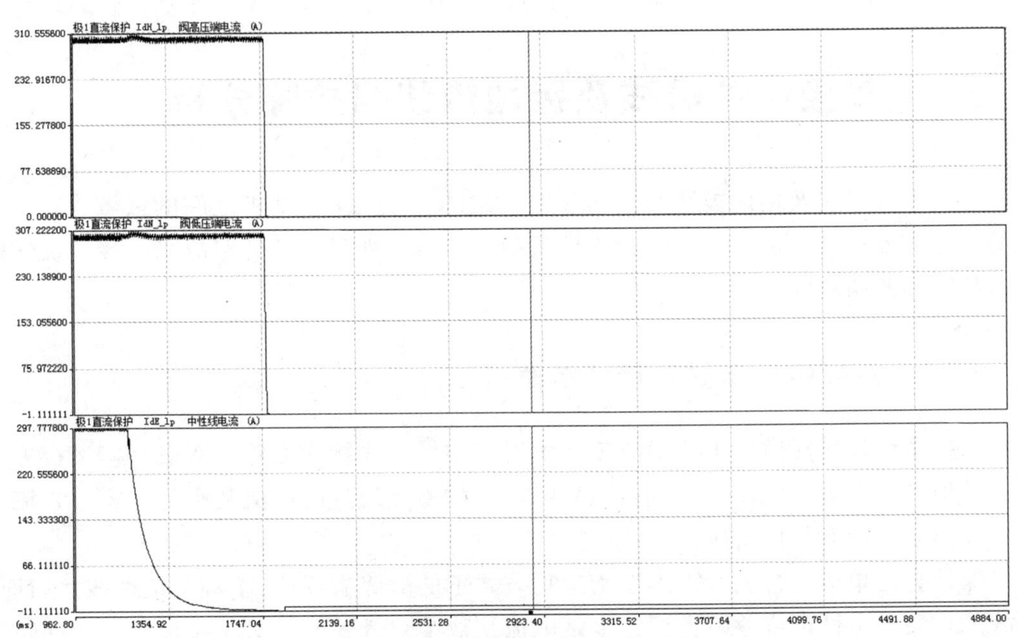

图 5-32　单极大地运行故障录波

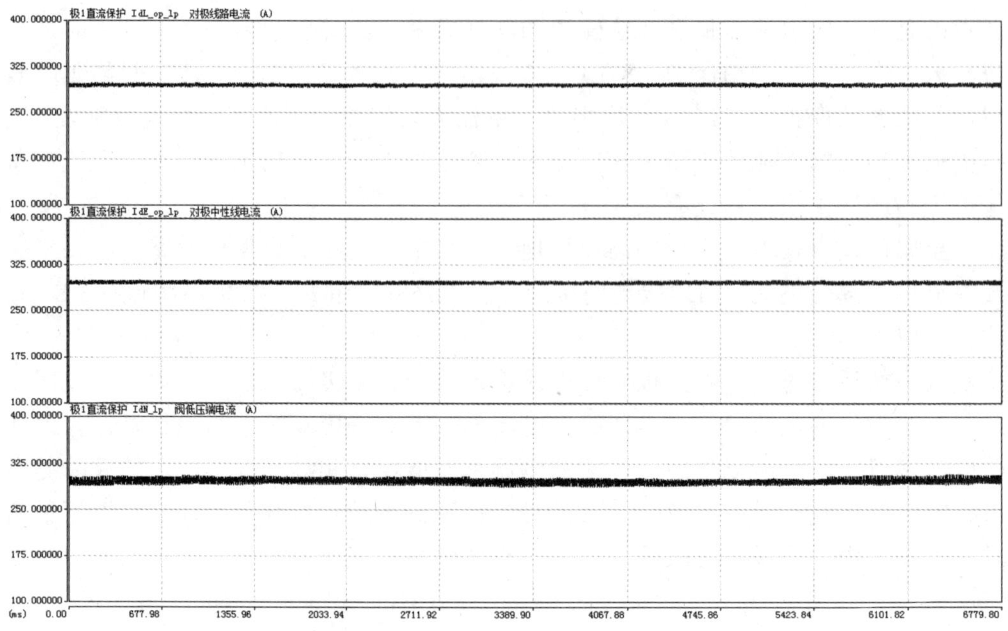

图 5-33 双极平衡运行故障录波

5.4 双极中性母线及接地极线路故障分析

双极中线母线及接地极线路包括双极 HSNBS 开关至接地极之间的区域，这一区域的故障主要包括双极中性母线的接地故障、双极中性母线的开路故障、接地极线路接地故障和开路故障。

5.4.1 双极中性母线区接地故障（F_{17}）

双极中性母线区域发生接地故障，类同于中性母线接地故障，双极平衡运行方式下，接地极上本上无电流，发生接地故障后，故障点流过的电流几乎等于零，直流保护对此类故障没有任何反应。

保护会对单极运行和双极不平衡运行方式下的故障有反应,单极大地回线运行时，其故障现象与中性母线故障类似，本站电流从故障点入地，与对站接地极构成回路，故障接地点将流过大部分的电流，而本站接地极上的电流占较小比重，双极不平衡运行时，故障现象与单极大地运行类似，此故障的保护是双极中性母线差动保护 87EB，对于不同的运行方式，保护采集的电气量不同，出口方式也不同。

双极中性母线接地故障录波如图 5-34 和图 5-35 所示。

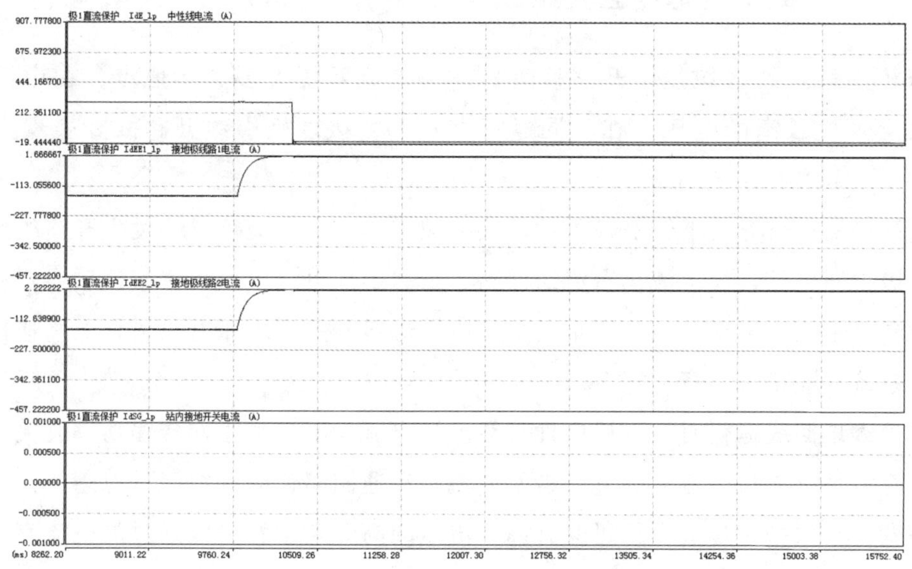

图 5-34　单极大地运行故障录波

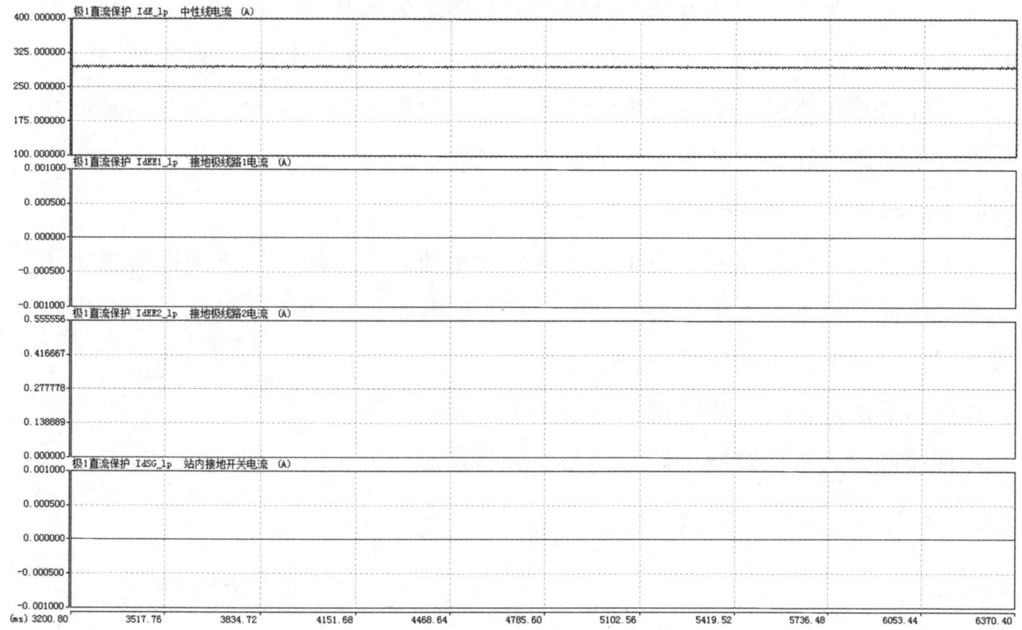

图 5-35　双极平衡运行故障录波

5.4.2 双极中性母线区开路故障（F_{18}）

双极中性母线区域发生开路故障，由于直流系统失去了接地点，在中性母线和极线会产生较高的电压，在不同运行方式下，接地极引线开路故障表现为不同的特征。

双极平衡运行方式下，双极中性母线区域基本上无电流流过，发生开路故障后，形成双极大回路，直流电流仍有流通回路，虽然中性母线电压失去嵌位后会漂移，但升高的幅度不大，不至于引起严重后果，中性母线开路后电压升高，合上高速接地开关后，系统仍能正常运行。

单极大地回线运行时，双极中性母线流过电流，电流大小同传输功率有关，由于故障前直流系统流过电流，在开路瞬间电流无流通回路，中性线区域电感元件的电流发生突变，导致中性母线电压迅速升高，电压的高低与中性母线通过的电流有关，电流越大，产生的电压越高，中性母线电压升高引起中性母线电压开路保护 59EL 动作。在输送大功率工况下，中性母线开路引起更高的过电压甚至击穿中性母线的避雷器，此时极母线两端的电流测量值 I_{dN} 和 I_{dE} 不再相等，此时造成中性母线差动保护（87LV）动作。另外，整流侧极 1 运行时中性母线区域开路故障引起中性母线电压向负方向偏离零点位，因此中性母线电压变为负值后，线路电压与中性母线电压的差值变大，可能引起直流过电压保护 59DC 动作。

在金属回线运行方式下，由于只在逆变站接地，当接地站的接地极引线断开时，逆变站的中性母线电压由于失去嵌位而升高，引起整流站的中性母线电压变化，可能造成直流过电压保护（59DC）动作。

双极不平衡运行时，故障现象与单极大地运行类似。

各种运行方式下，双极中性母线开路故障录波如图 5-36 ~ 图 5-39 所示。

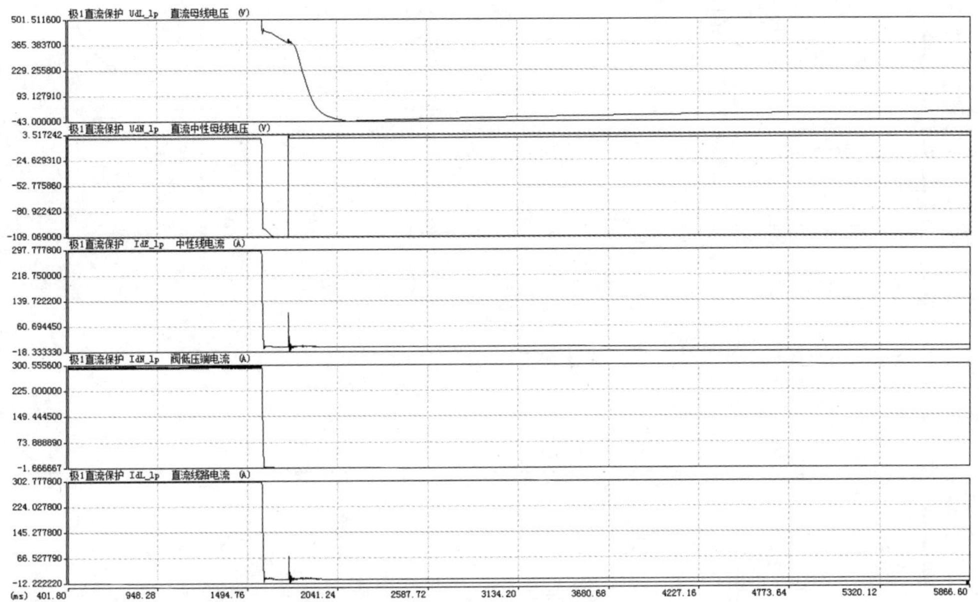

图 5-36　单极大地运行整流侧（150 MW）故障录波

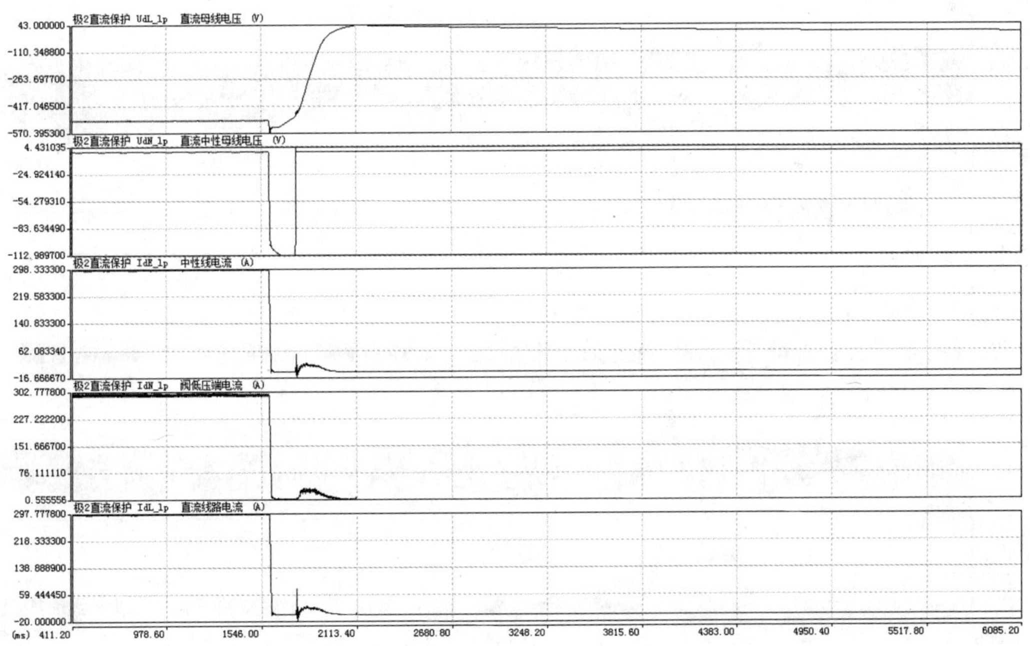

图 5-37　单极大地运行逆变侧（150 MW）故障录波

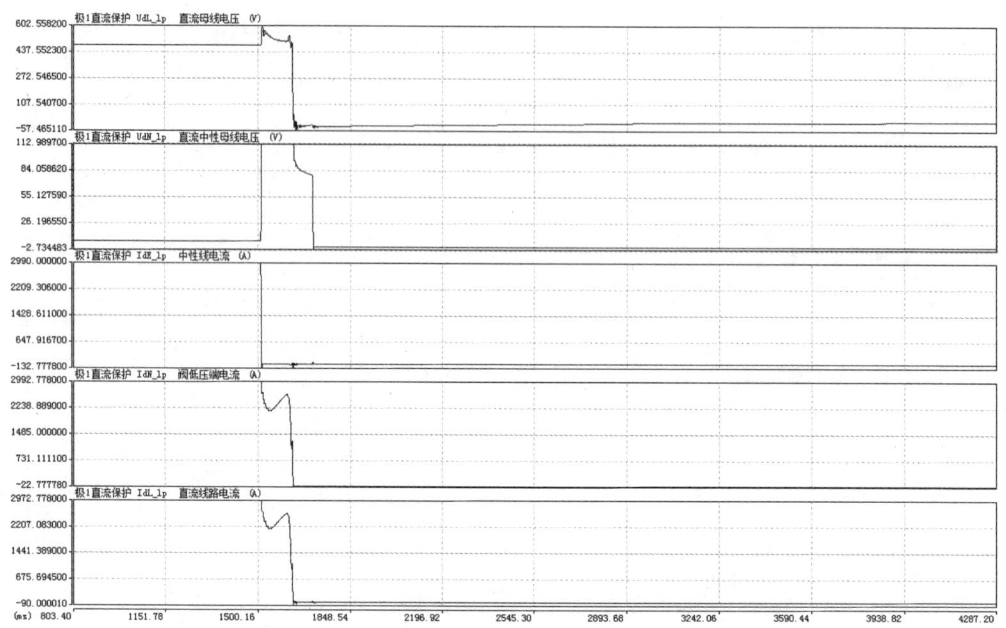

图 5-38 单极大地运行整流侧（1500 MW）故障录波

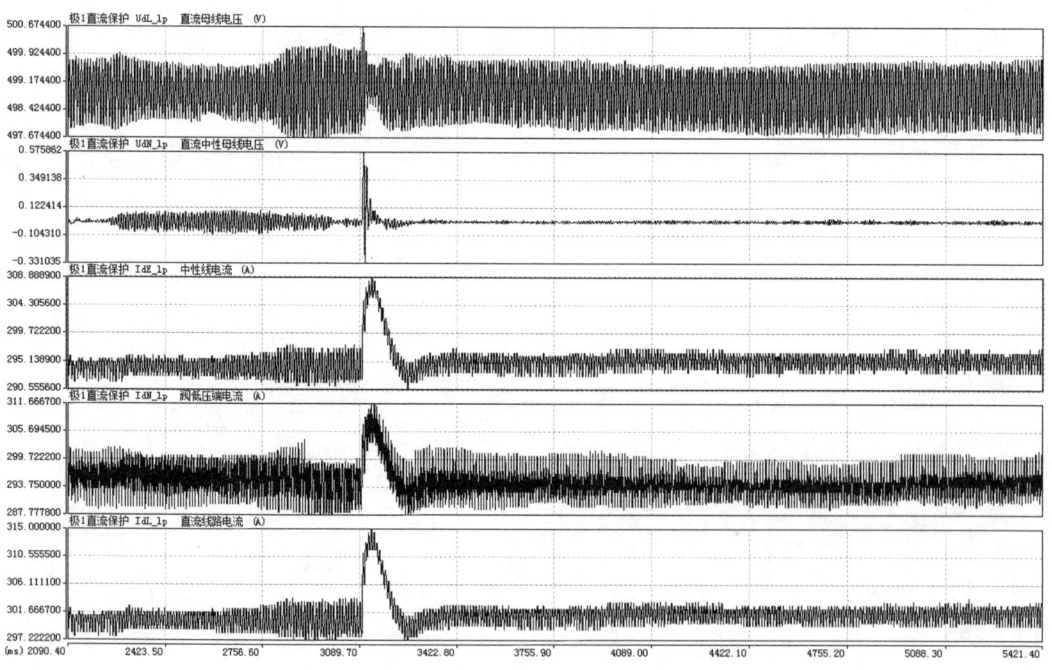

图 5-39 双极运行、整流侧（300 MW）故障录波

5.4.3 接地极单根线路接地（F_{19}）

直流输电工程的接地极线通常为两根并联，当其中的某一根接地极线路发生接地短路故障时，如果直流系统处于单极大地运行或双极不平衡运行方式，流过两条接地极线路的电流 I_{dee1} 和 I_{dee2} 不再相等。当然，这个故障点距离接地极越远，造成的不平衡越严重，此时接地极不平衡电流保护（60EL）会动作；在接近接地极附近故障，两根接地线流过的电流相差不大，尤其在小功率传输时，存在一定的死区。如果是双极平衡运行，两根接地线中几乎没有任何电流，一根发生接地后，没有故障现象，保护也不会有所反应。

单极运行和双极运行方式下，接地极单根线路接地故障录波如图 5-40 和图 5-41 所示。

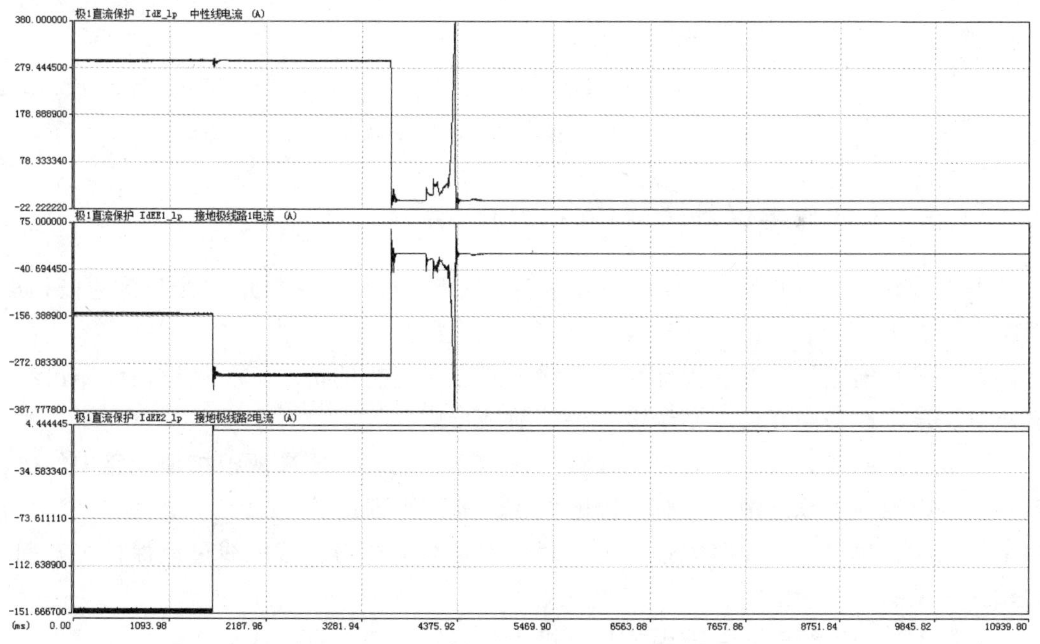

图 5-40　单极大地运行故障录波

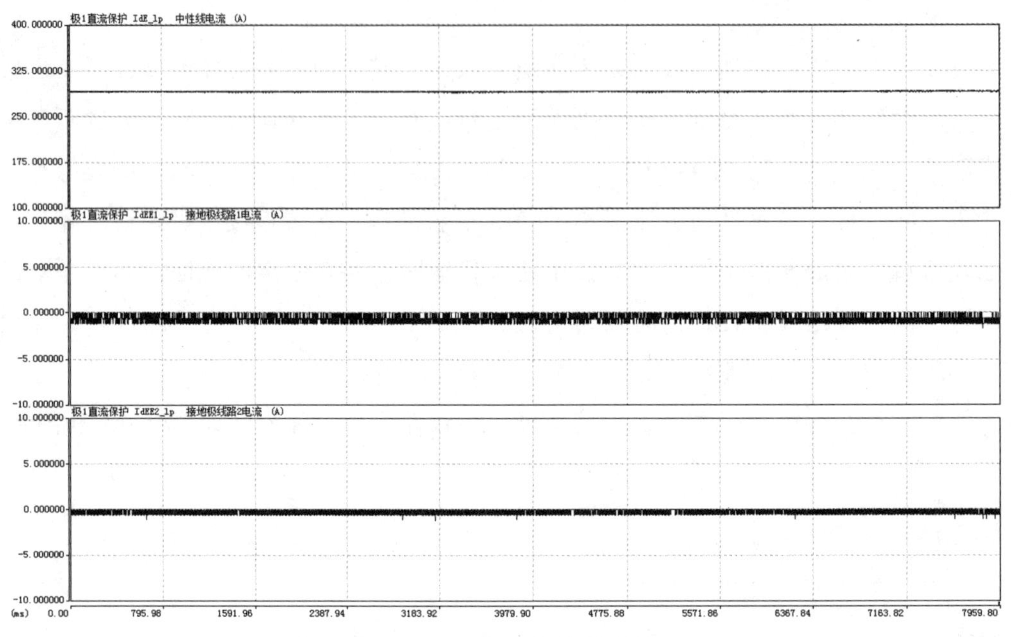

图 5-41　双极运行故障录波

5.4.4　接地线单根开路故障（F_{20}）

由于接地极线有两根，发生一根开路后，系统通过另一根接地线接与接地极相连，系统并没有失去接地点，中性母线不会产生过电压。

在双极平衡运行方式和大地金属回线方式正常运行的情况下，接地极线路没有电流流过，单根线路断开后，系统没有任何故障反应。

单极大地回线方式下，发生一根接地极线路开路后，原来两根接地线路中的电流转移到一根接地极线路中，此时，接地极线路的不平衡保护（60EL）会动作。当传输功率较大时，单根接地线路流过的电流超过额定载流能力，接地线过流保护（76EL）会动作（见图 5-42）。

双极不平衡运行时，故障现象与单极大地运行类似（见图 5-43）。

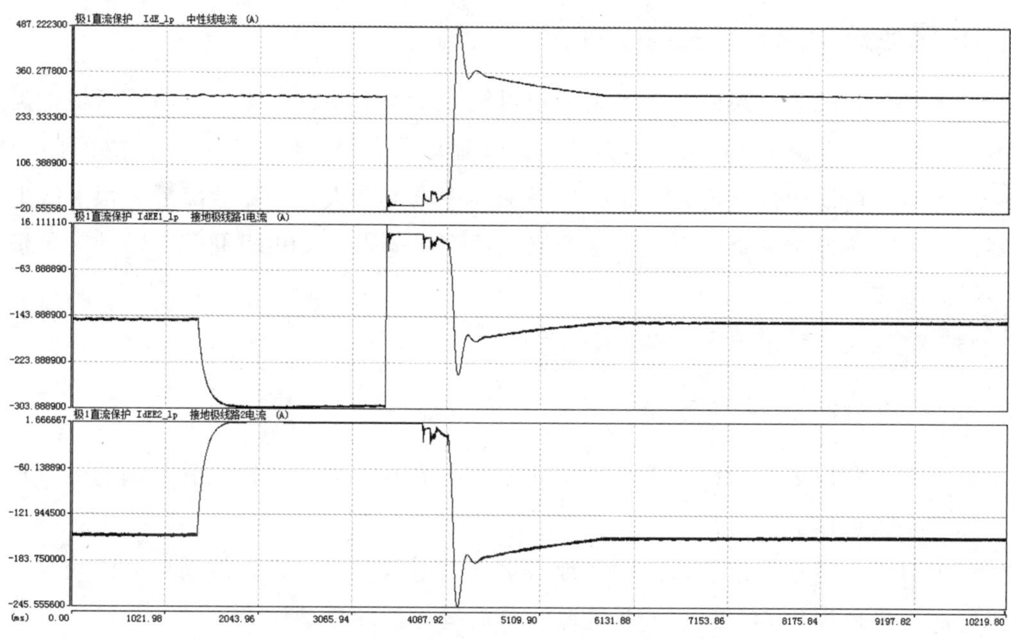

图 5-42 单极大地运行故障录波

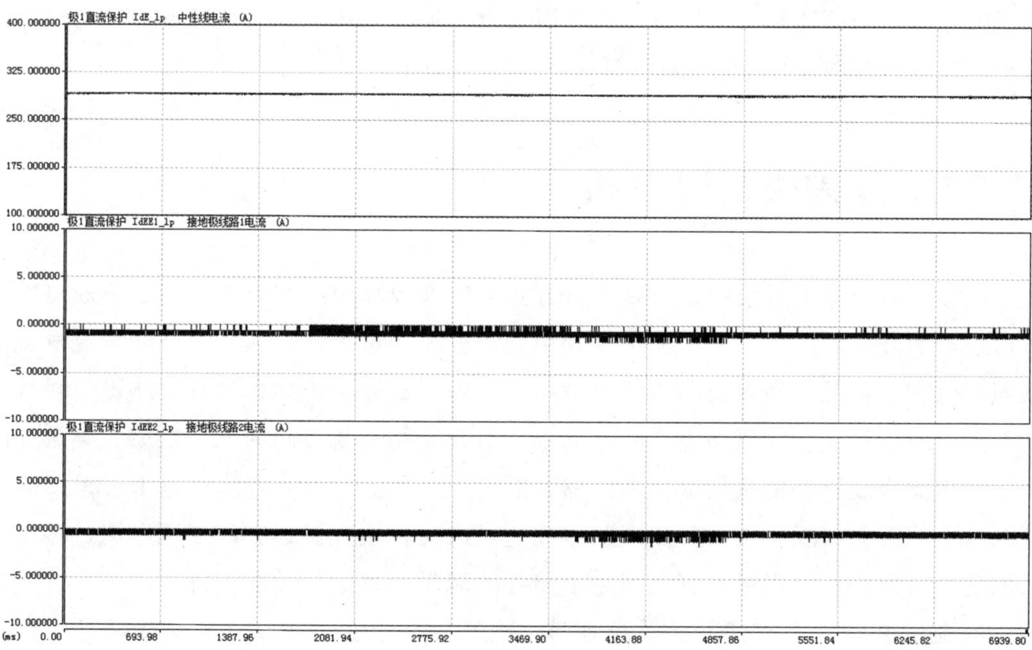

图 5-43 双极运行故障录波

1. 接地极引线开路故障（单根）（F_{19}）

（1）对于双极运行来说，接地极单根引线中的电流基本为零，开路后两根电流差别不大，电流不平衡 60EL 保护不会动作，电流几乎为零，开路不会引起过电压动作。

（2）对于单极运行来说，由于接地极引线中电流较大，开路故障后一根引线电流为零，另一根流过全部负荷电流，接地极电流不平衡保护 60EL Ⅱ（Ⅱ段针对单极运行）段会动作。

（3）接地极引线过流保护 76EL 作为后备。

2. 接地极引线接地故障（F_{20}）

（1）对于双极运行来说，接地极引线中的电流基本为零，接地后分流的电流也极小，保护不会动作。

（2）对于单极运行来说，由于接地极引线中电流较大，接地故障后分流较大，接地极电流不平衡保护 60EL Ⅱ（Ⅱ段针对单极运行）段会动作。

对于接地极引线开路故障和接地故障都是接地极电流不平衡 60EL 动作。其实，对于接地极隐形开路故障，还有接地极引线过流保护 76EL 作为其后备，其动作电流大于 0.7p.u.，延时Ⅰ段 6000 ms，延时Ⅱ段 11 000 ms。

5.5　开关类故障分析

在高压直流输电系统中，某些运行方式的转换或故障的切除要采用直流断路器。直流电流的开断不同于交流电流可以利用交流电流的过零点，因此，开断直流电流必须强迫过零。但是，当直流电流强迫过零时，由于直流系统储存着巨大能量要释放，而释放出的能量又会在回路上产生过电压，引起断路器断口间的电弧重燃，导致开断失败，因此吸收这些能量就成为断路器开断的关键因素。AB 直流输电工程采用的直流开关由三部分组成：①由交流断路器改造而成的转换开关；②以形成电流过零点为目的的振荡回路；③以吸收直流回路中储存的能量为目的的耗能元件。

整流侧装有 5 台直流开关，分别是 2 台高速中性母线开关（HSNBS）、1 台金属回线转换开关（MRTB）、1 台大地回线转换开关（MRS）、1 台高速接地开关；

逆变侧侧装有 3 台直流开关，分别是 2 台高速中性母线开关（HSNBS）和 1 台高速接地开关。

用于改变运行方式的断路器（如 MRTB 和 MRS）应在无冷却的情况下进行两次连续转换，即分闸后如果电弧不能熄灭则应使断路器重合闸，然后再分闸。转换断路器并非一般保护电器，操作应遵循换流站预设的“顺序控制”程序。对用于保护的开关，如 HSNBS 和 HSG，则按进行一次转换来进行设计。在正常运行情况下，HSNBS 决不允许断开，只有故障情况下极控允许的情况才能进行断开操作。

直流开关断开操作的原则是首先判断是否具备断开条件，具备条件后进行断开操作，断开后继续判断开关断开后的电流是否符合理论要求，是否存在无法断弧的故障，否则立即进行重合，避免开关受到损坏。

5.6 直流输电线路故障分析

直流输电线路对地短路发生的概率最大，大多故障为闪络放电，占直流线路故障的 80%以上。导致高压直流输电线路对地闪络或高阻接地的因素非常多。如绝缘子受潮或击穿、污闪、直流线路的空气绝缘击穿、直流线路对数目或杆塔放电，故障发生后，经极控系统的线路故障重启程序可以恢复正常运行。故障电流的大小与故障点距整流站的距离、故障类型有关，距离整流站越远、对地电阻越大，故障电流越小，故障电流的大小与逆变侧的交流系统无关。直流输电线路除接地故障外，还有直流线路断线及交直流碰线故障等。

5.6.1 直流线路接地故障

发生接地故障后，极控系统的快速控制限制故障电流，与交流线路的短路故障相比，直流线路短路电流增大的幅度要小得多。故障发生会暂时中断功率的传输，对两边的交流系统造成冲击，故障本身对直流设备的应力并不是太大。但在故障起始时间，故障电流仍有一段暂态过程，由于线路电容放电和整流器控制的延迟，整流器的故障电流有一个明显过冲，这个过冲是由于线路电容储存能量的释放和整流器控制的延迟造成的。AB 直流工程直流线路较短、整流侧的交流系统短路容量相对较小，接地故障发生后，瞬时过冲电流相对于其他工程来说是比较小的，线路中点金属接地故障电流约为额定电流的 1.5 倍左右。

发生接地故障后，整流侧的线路电流增大，由于整流侧定电流控制器起作用，增大了整流器触发延迟角，整流侧至短路的回路中的直流电压也随之下降，最终整流侧提供的短路电流仍回到定电流控制设定值。逆变侧的线路电流由于直流滤波器和线路回路的放电作用，经过一段时间的震荡后逐渐降为零，逆变侧换流阀电流迅速降为零。故障期间，中性母线电压发生振荡，整流侧和逆变侧直流滤波器流过较大的电流。

在线路不同地点故障（如线路首端、中点、末端接地故障）直流线路电压下降的幅值和陡度不同，整流侧直流线路电流增大的幅度也不同。对于直流系统来说，整流侧可以看作一个电源，故障点离线路首端，即电源端越近，直流线路电压下降的幅值和陡度越大，直流线路故障电流越大。

行波保护作为直流线路接地故障的主保护，保护范围为本站线路电流互感器安装地点至对站的平波电抗器范围，平波电抗器是线路保护的分界点。利用行波保护可以有效地将线路末端的接地同逆变侧的换流器高低压端短路有效区别开来，因为发生故障瞬间，即线路末端发生短路故障时，整流侧检测到的电压变化率比换流器高低压端短路瞬间电压变化率大得多，可以利用 DPT 试验测试变化率的不同，设置电压变化率区别不同的故障，这在交流系统的保护中是没有办法区分的。

如果故障是通过高阻接地，则直流线路电压下降的幅值和陡度均不明显，这些故障特征可能不能被行波保护检测到，但由于部分直流电流入地，两端的直流电流将出现差值，这要借助于线路纵差保护 87DCLL 和线路低电压保护 27DCL 来切除故障。

特别需要注意的是，传输功率较小的工况（低于 900 MW），线路发生接地故障，逆变侧的行波保护不会动作，这是因为电流的变化幅度不够。

直流系统在双极运行或单极大地运行时，直流线路接地故障发生后，行波保护 WFPDL、突变量保护 27d*u*/d*t*、线路低电压保护 27DCL、直流线路纵差保护 87DCLL 都会对此故障有所反应。在金属回线故障运行的金属回线上发生接地故障，相应的金属回线纵差保护（87 MRL）、金属回线横差保护（87DCLT）、站内接地网过流保护（76SG）会动作。

单极大地方式运行，线路故障一次重启成功故障录波如图 5-44 所示。

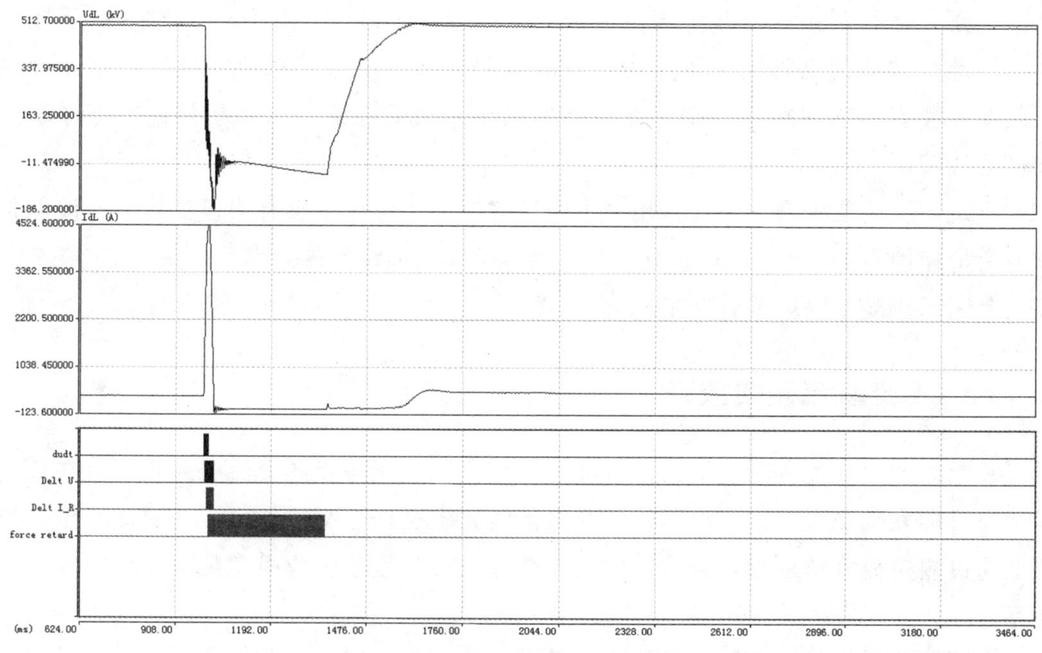

图 5-44 线路接地故障录波图

5.6.2 直流线路断线故障

在实际直流输电工程中，直流线路极少发生断线故障。一旦发生直流线路倒塌等严重故障时，可能会伴随着直流线路的断开，造成直流输电系统开路，直流线路电压会迅速升高，直流电流降低到零。在控制系统整流侧过电压限制器的作用下，通过触发角的调节，直流电压将被限制在一定范围内。尽管如此，由于直流系统功率输送已被中断，而且直流电压仍长时间保持在较高水平，在直流过电压保护的作用下直流换流器会被闭锁。

直流线路断线故障发生后，直流开路过压保护 59/37DC、极控系统的过压保护会有所反应。

5.6.3 金属回线接地故障

直流系统在金属回线运行时，在逆变站经快速接地开关闭合，连接接地极嵌制电位，正常运行时接地点几乎无电流流过。当金属回线发生接地短路时，由于接地极和接地极导线的电阻远小于金属回线的电阻，直流电流几乎全部从接地站的接地极流经故障点形成回路。根据逆变站高速接地开关的电流可以判断是否发生金属回线接地故障。

金属回线接地故障发生后，相当于中性线接地，电压不会有明显变化，行波保护和突变量保护不会动作，站内接地网过流保护（76SG）、金属回线纵差保护（87 MRL）以及金属回线横差保护（87DCLT）会动作。

5.6.4 交直流碰线故障

长距离的架空直流输电线路通常会与许多不同电压等级的交流线路相交，在长期运行中可能发生交直流碰线故障，则在直流线路上会产生交流 50 Hz 的交流分量。当幅值超过规定值且持续数百毫秒，应能判断该故障的发生，应避免故障发生时重启直流系统。

交直流碰线故障发生后，交直流碰线保护 81_I/U、50 Hz 保护 81_50 Hz 保护对此故障有反应。

5.7 直流滤波器故障分析

AB 直流输电工程每极配置一组直流滤波器，安装于高压极母线和中性母线之间，主要有以下几类故障。

5.7.1 直流滤波器高压侧电流互感器和高压侧刀闸间的接地故障（K_1）

本故障发生在直流滤波器的支路上，直流滤波器配置的保护并不能对此故障作出反应，本区域发生接地故障后，故障点两侧的 I_{dH} 和 I_{dL} 明显不同，故障现象也同极母线发生接地故障现象相同，极母线差动保护（87 HV）动作，同时对站的行波保护（WFPDL）也会动作（见图 5-45）。

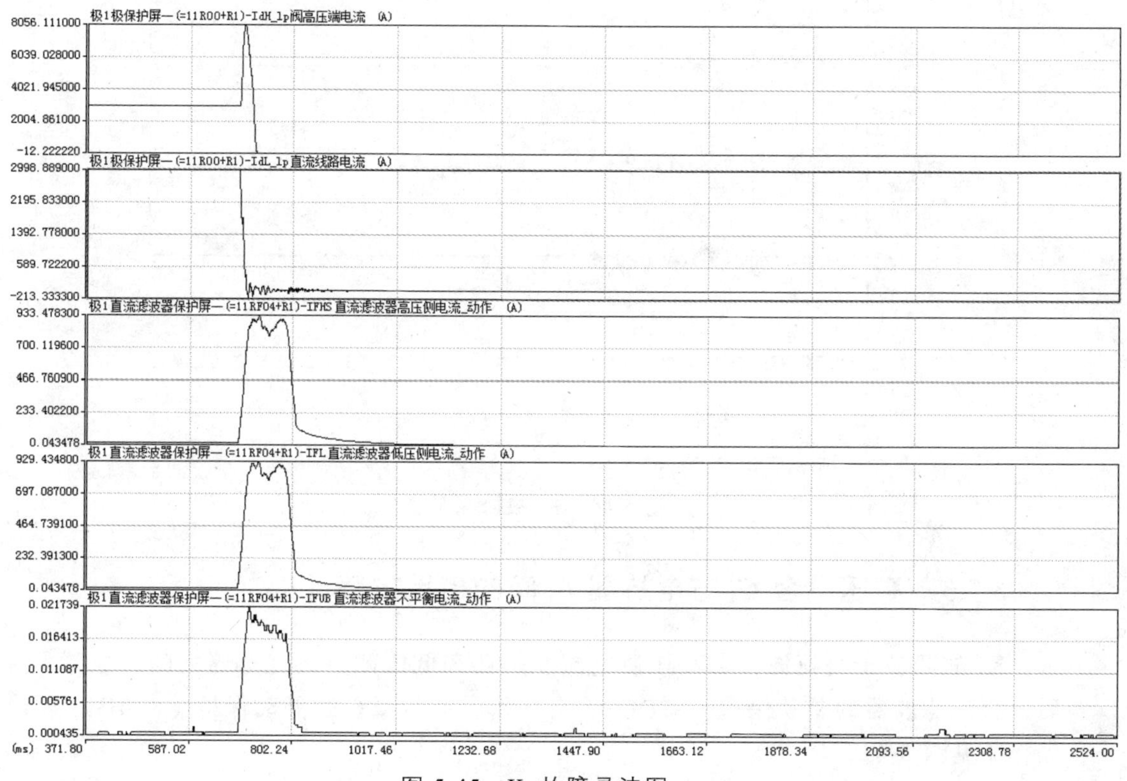

图 5-45 K_1 故障录波图

5.7.2 直流滤波器高压侧刀闸和高压电容 C_1 间的接地故障（K_2）

发生 K_2 故障后，故障现象同 K_1 故障类似，本站的极母线差动保护（87 HV）和对站的行波保护（WFPDL）都会动作，不同的 K_2 故障位于直流滤波器高压侧电流互感器和低压侧电流互感器之间，故障发生后，直流滤波器的差动保护（87DCF）会动作。

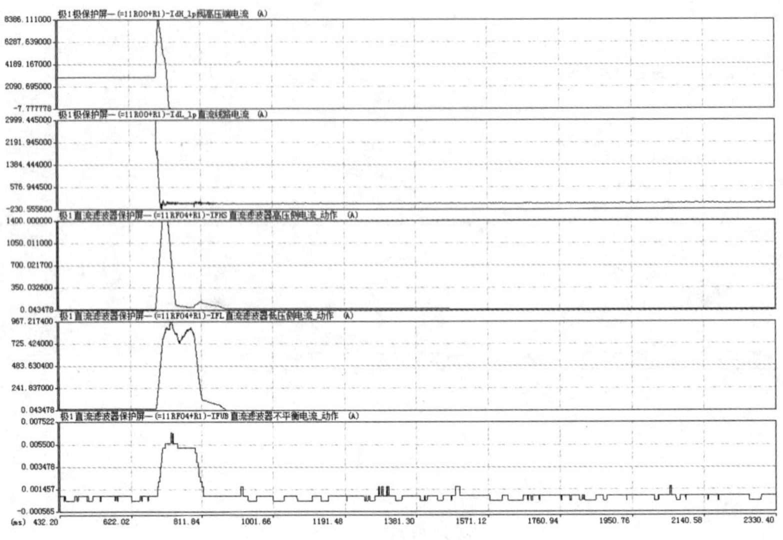

图 5-46　K_2 故障录波图

5.7.3　高压电容 C_1 与电抗器 L_1 间的接地故障（K_3）

K_3 故障位于直流滤波器高压侧电流互感器和低压侧电流互感器之间，故障发生后，直流滤波器的差动保护（87DCF）会动作，此时极母线差动保护（87 HV）不会动作（见图 5-47）。

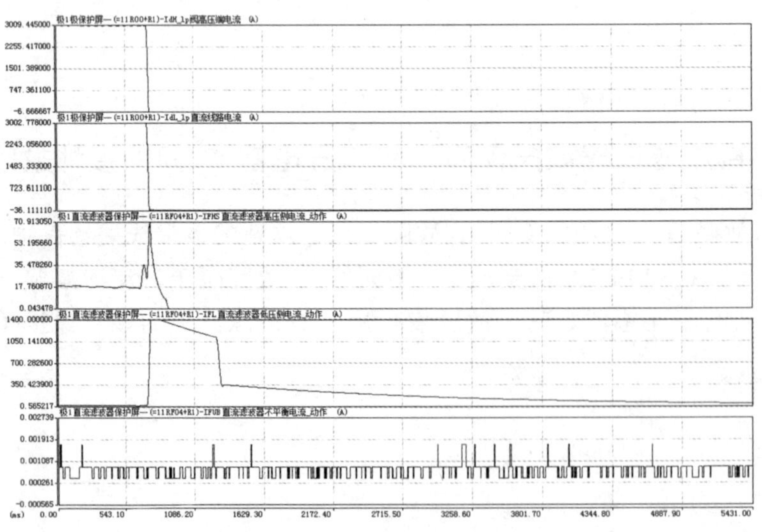

图 5-47　K_3 故障录波图

5.7.4 电抗器 L_3 与低压侧电流互感器间的接地故障（K_4）

K_4 故障位于直流滤波器高压侧电流互感器和低压侧电流互感器的外侧，不属于直流滤波器的差动保护（87DCF）保护范围，故障发生后，双极平衡运行时，不会有任何保护动作，当单极大地运行时，中性母线差动保护会动作（见图 5-48）。

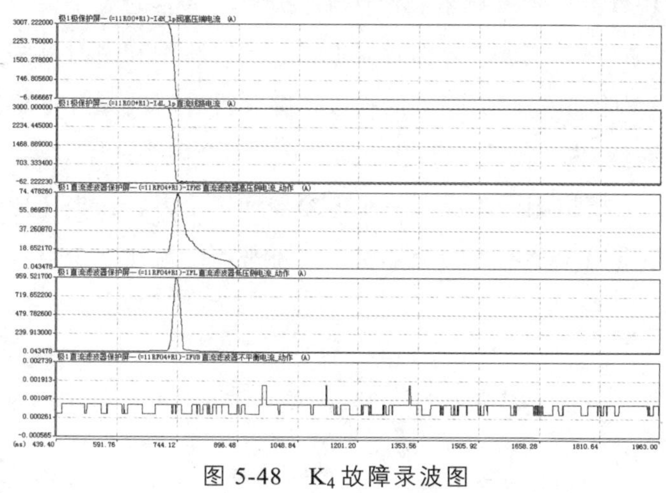

图 5-48 K_4 故障录波图

5.7.5 电抗器 L_2 与电抗器 L_3 间引线的接地故障（K_5）

K_5 故障位于直流滤波器高压侧电流互感器和低压侧电流互感器之间，故障发生后，直流滤波器的差动保护（87DCF）会动作（见图 5-49）。

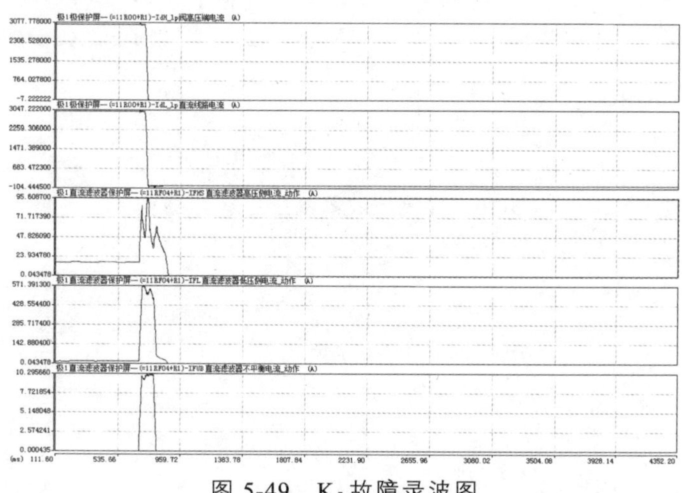

图 5-49 K_5 故障录波图

5.7.6 桥臂的电容器短路故障

AB 直流工程换流站直流滤波器的高压电容器采用 H 型桥臂结构（见图 5-50）。其中，整流站 80 串 2 并，逆变站 88 串 2 并，当某个电容器单元损坏时会有不平衡电流 I_{FUB} 流过 H 型桥臂的电流互感器，不平衡保护利用 I_{FUB} 的大小检测电容器损坏的情况。不平衡保护保护分为三级，分别对应报警、延时跳闸和瞬时跳闸。当电容器元件在一定的电压范围内被击穿时，剩下的与被击穿元件并联的完好电容器向击穿的电容器元件放电，使熔丝熔断，因为均压电阻的存在，不会因为内熔丝熔断而造成过电压。图 5-51 和图 5-52 为模拟相同工况下一个电容器和三个电容器损坏造成不平衡电流动作情况，可以明显看出三个电容器损坏引起的不平衡电流比一个电容器损坏引起的不平衡电流严重。

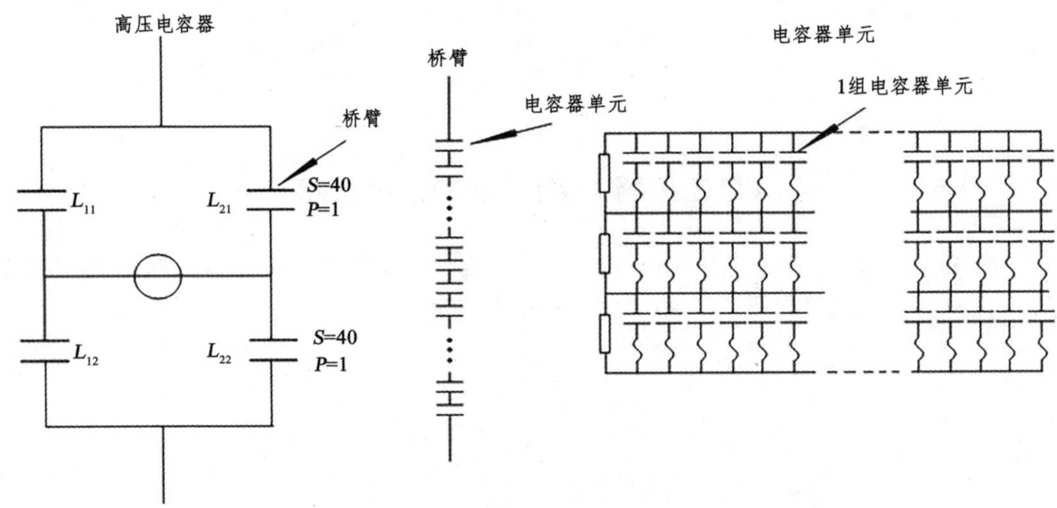

图 5-50 直流滤波器高压电容器结构

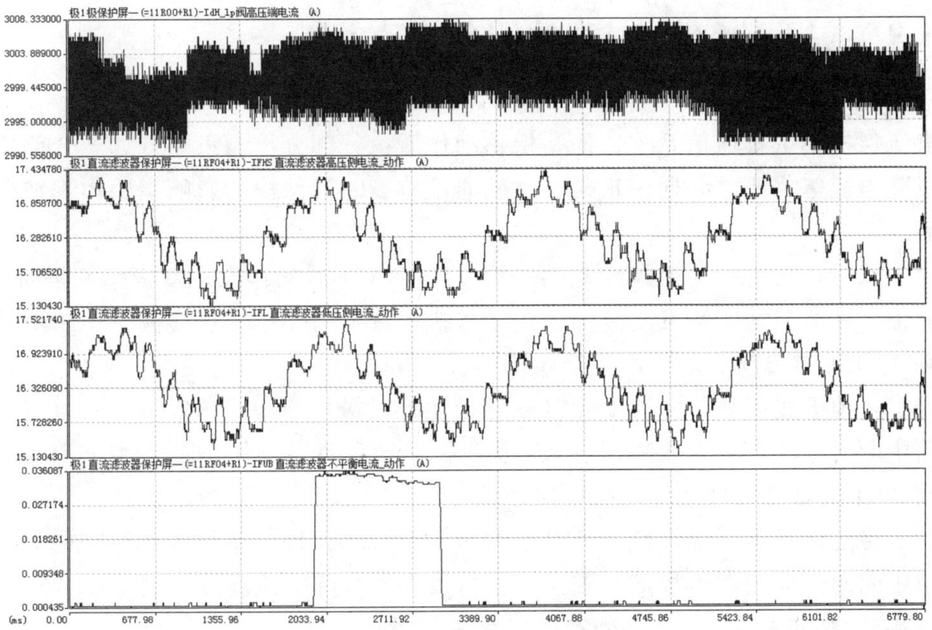

图 5-51　一个电容器损坏

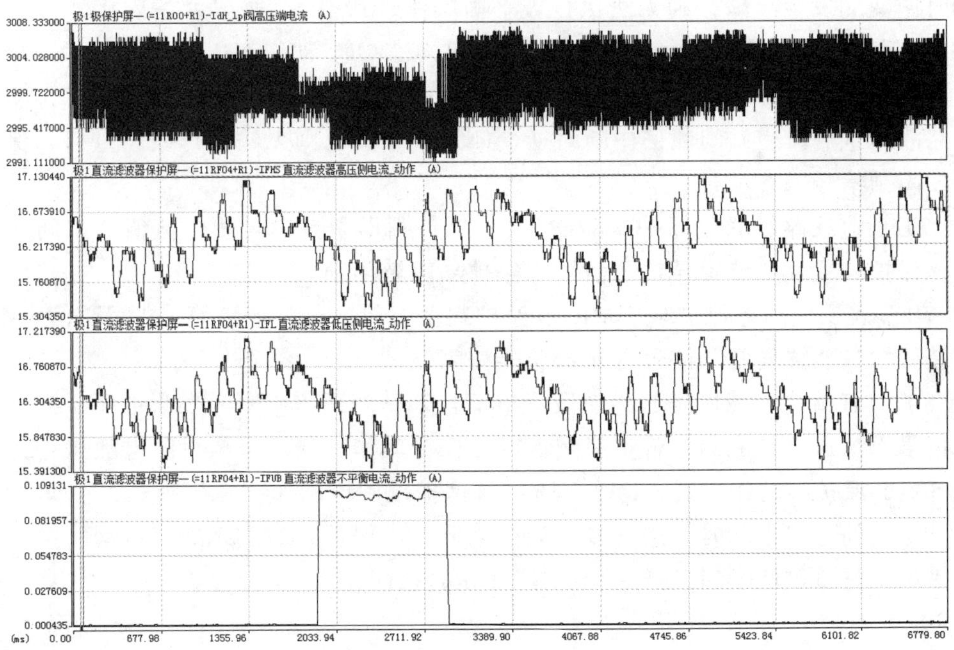

图 5-52　三个电容器损坏

5.8 站间通信中断对保护的影响

直流保护不依赖通信系统，但是保护动作后执行部分控制策略，如逆变侧请求极平衡或降电流等需要站间通信正常，站间通信故障时对保护的影响主要体现在以下几个方面。

（1）双极运行时接地极母线差动保护（87EB）Ⅰ段动作发送双极平衡运行请求。站间通信中断时若逆变侧发生故障，则无法执行极平衡操作。逆变侧 87EB 跳闸段、整流侧 27DCL 或 27DC 动作产生极闭锁信号。

（2）接地极线不平衡保护（60EL）双极运行时极平衡段、单极运行时重启段。站间通信中断时逆变侧发生故障，则无法执行极平衡和重启操作。逆变侧 60EL 跳闸段、整流侧 27DCL 或 27DC 动作产生极闭锁信号。

（3）接地极线路过流保护（76EL）双极运行极平衡段、单极运行时降电流段。站间通信中断时逆变侧发生故障，则无法执行极平衡和降电流操作。逆变侧 76EL 跳闸段、整流侧 27DCL 或 27DC 动作产生极闭锁信号。

（4）接地极降电流请求双极运行时接地极开路保护（59EL）极平衡段。站间通信中断时逆变侧发生故障，则无法执行极平衡操作，59EL 跳闸段或站内接地过流保护（76SG）动作产生极闭锁信号，整流侧 27DCL 或 27DC 动作产生极闭锁信号。

（5）直流线路行波保护（WFPDL）、直流线路电压突变量保护（27du/dt）动作请求线路故障重启段。站间通信中断时逆变侧发生故障，则无法执行线路重启，保护会直接发闭锁信号。

（6）直流线路纵联差保护（87DCLL）保护判据中包含对侧电流值，站间通信中断时，保护装置发“装置异常”信号，保护功能被闭锁。

（7）金属回线纵差保护（87 MRL）保护判据中包含对侧电流值，站间通信中断时，保护装置发“装置异常”信号，保护功能被闭锁。

（8）50 Hz 保护（81_50 Hz）2 段降电流段。站间通信中断时发生故障，逆变侧降电流信号无法送至整流侧。若整流侧 50 Hz 保护动作，同样可执行降电流操作，若整流侧 50 Hz 保护不动作，则由逆变侧 50 Hz 保护跳闸段动作切除故障。

（9）站间通信中断时，逆变侧直流线路低电压保护（27DCL）将自动闭锁，无须采取措施，整流侧 27DCL 动作后不重启而是直接闭锁。

6 其他保护功能

直流输电两侧与交流系统相连，传输功率大，换流设备价格昂贵，一旦损坏将造成严重后果，除了配置完善的保护系统外，直流控制系统也配备了相应保护功能，换流阀本体也具备一定的保护功能。同时，为了避免不必要的停运，需要与交流系统的保护进行配合，这些都作为整个直流输电保护功能的一部分。

6.1 控制系统的保护功能

直流系统保护与直流系统控制的协调配合紧密是直流控制保护系统的特点，主要体现在两个方面：一是直流系统保护的动作策略主要由控制系统实施；二是直流系统保护需要的部分直流系统状态量从直流控制系统获得，直流系统保护定值的优化与控制系统密切相关。

6.1.1 直流系统保护的动作策略实施

严重故障引起的保护后果是闭锁直流，除了跳交流断路器是由直流保护系统直接发出指令到断路器操作箱外，几乎所有直流系统保护的动作都需要依靠直流控制系统来执行。例如：线路故障时需执行降功率、再启动功能；与双极区有关的故障，如接地极电流不平衡、站内接地开关过电流等故障需执行极平衡、功率回降等；换相失败故障、误触发、谐波大等故障首先要执行控制系统切换；保护检测到换相失败时还应增大关断角；在故障隔离过程中，由于直流场开关故障而不能打开时需执行重合开关命令；需要隔离交流侧故障还要跳开交流进线断路器，启动断路器失灵功能；与直流场有关的故障还需要启动极隔离；等等。此外，直流系统的一些保护性监视通常设计在直流控制系统中，如大角度运行、换流变压器阀侧电压应力、换相失败预测等。

保护的闭锁逻辑，包括移相、阀闭锁、投旁通对、极隔离、交流断路器锁定、启动断路器失灵，以及切除交流滤波器/电容器组、调节分接开关等，均需要由控制系统执行。

6.1.2 直流系统保护需要的运行状态

直流系统的运行状态通常是由直流控制系统判断得到。这些状态量主要是指直流系统的运行方式、整流站/逆变站、接地站及非接地站等信息。

（1）保护配置与定值设置与直流系统的运行方式和运行状态密切相关，在单极运行、双极运行以及金属回线运行时是不同的。例如，在单极打的运行方式下，由于站接地网不能耐受较大电流，站接地过电流保护设置为延时 2 s 跳闸；而在双极运行方式下，则延时 1.5 s 先进行双极平衡，再延时 2.5 s 合 NBGS。

双极区保护的出口与所在极是控制主导极或是非控制主导极有关。当双极保护与极保护统一硬件配置时，由于双极保护的动作行为往往首先需要极平衡控制，而极平衡操作只能在主导极才能实施，因此双极区保护出口只能在主导极有效，当主导极的双极保护闭锁本极后，另一极自动成为主导极，其双极保护如果也能检测到同样故障，则再闭锁本极。

（2）保护定值设置与直流系统的运行方式和运行状态密切相关。某些保护的定值与所在换流站是接地站还是非接地站有一定关系。例如，在金属回线下，非接地站与接地站对接地极引线开路保护定值的设置不同，非接地站保护定值较接地站要大。

（3）保护的有效性与直流系统的运行方式和运行状态密切相关。某些保护只在整流站有效，如某些直流线路保护（行波保护、线路低电压保护、直流线路纵差保护、金属回线纵差保护等）和直流低电压保护等。

金属回线接地故障由于是接地极电流和站接地电流来判断，因此金属回线接地保护只在金属回线运行方式下的接地站才有效，即通常在设计的常规逆变站保护中有效。

（4）在某些特殊运行工况下需要闭锁某些保护，以防止保护误动作闭锁直流系统。例如，空载加压试验时需要闭锁直流低电压保护，以防止在电压上升的过程中，直流低电压保护动作闭锁直流。

6.1.3 保护监视功能

1. 零电流检测

站间通信故障时，当整流侧闭锁，逆变侧检测到直流电流小于 5%且超过 10 s 时启动零电流检测保护，闭锁换流器。

站间通信故障时，当整流侧解锁不成功，逆变侧脉冲使能但检测到直流电流小于 5%且超过 60 s 时启动零电流检测保护，闭锁换流器。

站间通信故障时，当逆变侧因某种原因闭锁，整流侧脉冲使能，但检测到直流电流小于 5%且超过 3 s 时启动零电流检测保护，闭锁换流器。

2. 大触发角度监视后备保护

大触发角监视的目的是检测和限制主回路设备在大触发角运行时所受的应力，该应力由大角度触发监视功能计算得到。大触发角监视功能计算高压直流输电系统的限制值，包括阻尼回路、阀避雷器。如主回路运行且理想空载电压太高时，换流阀应力超过其限制值，大角度监视功能发出降低理想空载电压的命令并报警，这时可以通过调节换流变压器分接头来降低理想空载电压，直到低于限制值为止。若此时出现手动调节不起作用或换流变压器分接头拒动的情况，换流阀的应力仍将过高，此时会发出警报信号，若换流阀应力继续增加，则大角度在一定延时后发出跳闸命令。

3. 空载加压失败保护

空载加压试验保护范围包括直流线路和换流器。在空载加压试验过程中，当检测到直流电流大于 5%（即绝缘失效）超过 4 ms 或控制器受下限限制（100°）的情况下直流电压低于 2%超过 3 s，启动空载加压失败保护，闭锁触发脉冲。

4. 阀避雷器监视

阀避雷器监视功能为保护阀避雷器。计算阀关断电压，当阀关断电压大于设定值 V 且超过规定的短延时时间，产生告警信号，当超过规定的长延时时间启动快速闭锁逻辑。

5. 换流变阀侧电压监视

在交流过压且直流极控不起作用时，保护换流阀使其免受过应力，同时避免阀避雷器过应力和换流变压器过励磁。极控系统测量换流变压器电压、频率和换流变分接头位置，计算理想空载电压，并且考虑频率变化的补偿。如果分接头超过正常范围，保护闭锁出口，因为此时计算得到的空载理想电压不正确，保护延时的设定与分接头的调节时间配合。当计算理想空载电压大于 105%，产生告警信号，当大于 120%时，延时 115 秒保护动作，保护动作，发出移相停机命令。

6. 直流保护监视

极控系统接收 3 套极保护系统 OK 信号，当极控系统检测到 3 套极保护系统全部不 OK 情况下，极控系统执行快速闭锁逻辑。

7. 换相失败预测功能

换相失败预测功能在逆变侧有效，当通过测量逆变侧换流变压器支路上的交流电压，计算其零序分量和负序分量，当零序分量大于 15%或负序分量大于 14%，极控系统动作增大熄弧角。

6.2 换流阀的保护功能

6.2.1 换流阀的正向过电压保护

在换流阀内部有一个后备触发回路，在阀两端正向电压超过阈值时，后备触发回路能自动触发晶闸管使其导通，防止换流阀损坏。对于光触发的晶闸管来说，晶闸管正向过电压保护（BOD）集成在硅片中，若正向电压超过允许的重复阻断电压，自触发导通，使晶闸管免受过电压而损坏。晶闸管的正向过电压保护设计为可连续运行、不损坏。另外 du/dt 超过允许值，自触发保护使晶闸管免于永久性损坏，自触发功能也集成在晶闸管硅片中。

6.2.2 换流阀反向过电压保护

在换流阀运行中，当发现电流过零关断后，由于晶闸管的特性存在一个反向恢复期，约为 600 μs。若雷电或交流故障正好出现在这一阶段，异常电压的上升率过大（大于 100 V/μs），就可能损坏晶闸管。反向过电压保护串联到每个阀段的冲击均压电容回路中，对该阀段中 13 个串联晶闸管进行集体保护，并在 VBE 的控制下仅在晶闸管反向恢复期有效。当反向过电压保护在此期间探测到正向电压上升率大于100 V/μs时，启动内部的激光发射电路，通过光缆直接向该组件的两个多模星形耦合器发出触发脉冲。多模星形耦合器将该光脉冲均匀分配并发送给与其相连的13只晶闸管使其导通，免受过高的 d*u*/d*t* 损坏。

6.2.3 阀段检测保护功能

每个换流阀臂由3个晶闸管组件串联组成，每个晶闸管组件由2个阀段组成，每个阀段由13个晶闸管级分别与阻尼回路并联，再与4个电抗器串联，最后与一个均压电容器并联组成。每个阀运行中作为一个整体，组成该阀的78个晶闸管经同时被导通或截止。组成晶闸管组件的两个阀段在运行中作为一个整体，每个阀段的13个晶闸管由两条触发光纤和两条回检光纤与阀控系统相连接。如果晶闸管两端的电压高于120 V 或低于－120 V，在第三个单脉冲滞后经过 30 μs 延时，晶闸管电压检测电路（TVM）向阀控系统发一个脉冲信号，阀控系统可通过该信号判断可控硅是否故障，若未有收到信号，即认为该可控硅级有故障，将发出一个晶闸管无回检信号。

阀控系统通过连接到阀段的两根光纤同时检测构成阀段的13只晶闸管，同时，阀控系统根据每个阀段的检测结果，核算每个阀内的故障晶闸管数量，当一个阀有3个及以上晶闸管故障时，将发跳闸信号给直流保护系统。

6.2.4 换流阀的外部保护

（1）组合电抗器：串接于每个阀段的组合电抗器限制流经换流阀的冲击电流，也可在阀单元出现浪涌电压现象时限定电压水平和限制电压上升率。

（2）均压电容器器：并接于每个阀段的均压电容器在回路出现陡前波冲击电压现象时，在四重阀内将电压均匀分布到四个阀上，避免局部过压导致阀片损坏的现象。

（3）外部水冷系统保护：换流阀在运行过程中产生大量热能，因而需循环水冷却系统对晶闸管阀、阳极电抗器、*RC* 阻尼回路进行冷却，但冷却系统一旦发生漏水，将对换流阀的安全运行带来极大的隐患，因此合理的阀冷回路、合适的进水温度、流量、水压、先进的阀塔漏水检测技术均是换流阀外部保护的措施。

（4）阀避雷器：操作高电压、雷电压或脉冲过电压等也会危及到换流阀安全稳定运行，因此必须对换流阀装设避雷器，对换流阀进行保护。

（5）直流侧平波电抗器及避雷器：对直流侧的过电压，还可通过平波电抗器及直流场极线避雷器进行抑制。

6.2.5 晶闸管结温检测

晶闸管结温检测功能是为了保护换流阀，避免其遭受过热损坏。根据直流电流和晶闸管的热阻抗模型计算温升大小，极控系统做出响应。

温升值为 Δ_1，极控系统降低传输功率，经延时 t_1 后，温升值仍大于 Δ_1，继续降低传输的直流功率，减小量为 5%，如此循环，直至直流停运。

温升值为 Δ_2，延时 100 ms，极控系统启动冗余系统切换。

温升值为 Δ_3，延时 250 ms，极控系统执行移相闭锁命令。

此外测量冷却水的出水温度，如果出水温度过高，大于 C_1，极控系统降低传输的直流功率，如果延时一段时间 10 s 之后，出水温度仍大于 C_1，继续降低传输的直流功率，减小量为 Δ_p，如此循环，直至直流停运。

6.3 交流系统保护与直流系统保护的协调

换流站交流保护包括交流线路保护、交流母线保护、交流断路器保护、站用变压器保护等。如果换流站配置有其他交流设备（如联络变压器、线路高压电抗器或低压电抗器等）还将配置相应的设备保护。

原则上，交流保护的保护范围是交流系统，而直流系统保护的范围是直流系统。交流保护动作本身不应发出闭锁直流系统的命令，直流系统保护动作除了闭锁直流系统外，还可跳开换流变压器进线开关，以断开与交流系统的联系。

但是，交流保护和直流保护动作存在协调配合关系。交流系统的故障如交流线路接地短路、断路、交流系统（包括线路和母线）低电压或过电压故障都会给直流系统造成影响，使直流电流、电压发生明显的变化。直流控制保护系统应至少对下述工况进行相应的保护：

（1）交流系统功率振荡或次同步振荡并且直流控制不足以抑制的情况下，对直流系统产生的扰动。

（2）交流系统故障，包括换流站远端交流系统短路故障、换流母线故障时，对直流系统产生较大扰动，或交流系统持续扰动对直流系统产生的扰动。

（3）换流站内交流母线电压的欠电压和过电压。

对于不严重的交流系统故障，直流保护应维持运行而不应将自身闭锁，待交流故障清除后，直流系统再自行恢复。对于交流系统故障无法清除或者发生严重的交流系统故障，出于直流设备和系统运行安全的考虑，直流系统保护会动作，闭锁直流系统。从具体的保护功能来看，交流保护与直流保护的协调配合主要体现在：

（1）换相失败保护、谐波保护与交流系统保护的配合。交流系统接地或断线不对称故障往往会引起双极换流器换相失败，并导致直流系统中出现 100 Hz 谐波。但是交流系统单相接地重合闸往往持续 1.5 s 以上，在此过程中，直流系统和设备足以承受交流系统故障带来的谐波影响，不应导致直流的闭锁。所以，与此相关的直流保护的动作时间应躲过交流系统故障的动作时间，交流系统故障后备保护切除故障并重合成功期间，相关直流系统保护不应动作。在以往直流输电工程过程中，发生过换流与电网互联的 500 kV 交流线路发生故障，500 kV 交流系统主保护因故未动作，直至由后备的距离保护切除故障，在此期间直流 100 Hz 保护动作，闭锁直流。此后按照反措要求，将反应交流系统故障的直流保护如 100 Hz 保护、87CBY/CBD 的慢速段延时改为 2300 ms。设置 2300 ms 基于躲过交流故障可能的最长持续时间，“后备保护动作延时上限 2 s”+“断路器失灵动作延时 0.2 s”+ “断路器动作时间 0.1 s”。此外，单个 6 脉动换流器发生换相失败一般是由于触发脉冲出现问题所致，所以换相失败保护在检测到交流电压低时需闭锁单换流器换相失败保护。

（2）换流站过电压保护与交流过电压保护的协调配合。不论是整流站还是逆变站，极端情况下都会遭受严重过电压的冲击。与换流站相关的交流线路、母线及临近交流元件基本都配置了过电压保护，以便在系统发生过电压的情况下跳开线路或母线。直流系统在交流滤波器保护、换流变压器中都配置了过电压保护，检测换流站交流母线或大组滤波器母线的电压，在电压过高的情况下，为了保证换流站设备的安全，闭锁直流系统或跳开交流滤波器开关。从设备安全的角度上讲，如果交流系统发生严重过电压，首先应闭锁直流，然后再切除交流线路，而不是先切除交流线路再闭锁直流，否则会引起交流系统更严重的过电压，这种情况在逆变侧尤其严重。与之对应的直流输电工程孤岛运行时发生直流闭锁，整流站也将遭受严重过电压冲击，此时需要切除电源线路和滤波器，线路与滤波器的配合时序是一个复杂的过程，需专门进行研究。因此，直流系统过电压保护动作时间通常比交流系统过电压保护动作设置更短。在孤岛运行方式下，发生直流闭锁，应首先切除交流滤波器再切除与电厂的线路，目的是利用发电机的进相能力吸收无功功率，降低换流站母线电压。在逆变站配置最后断路器，目的也是在最后与系统失去连接时尽可能降低换流站的过电压水平。

附　录

附录 1：换流站交流系统接线图

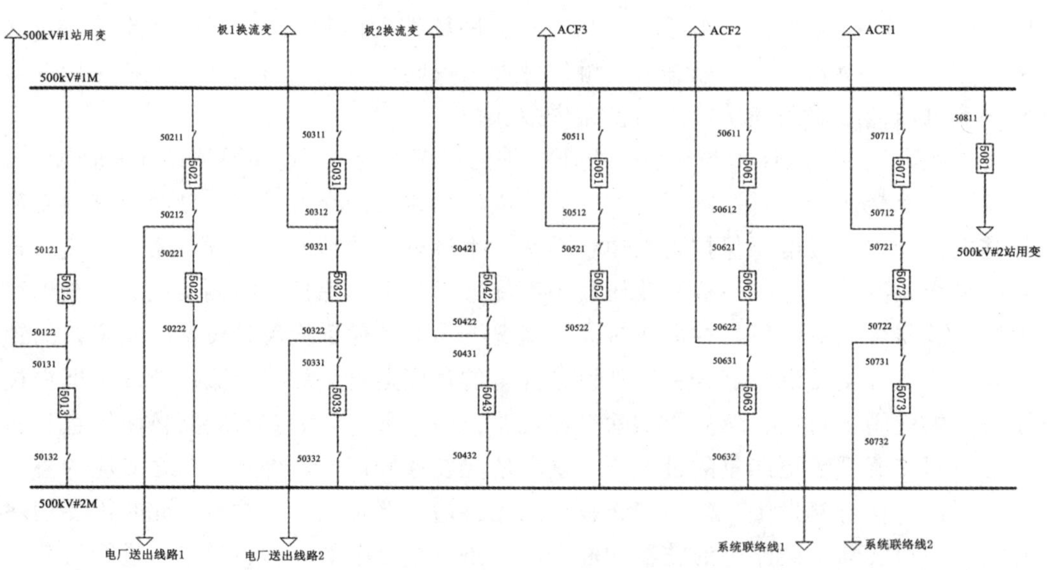

图 A-1　A 换流站交流系统接线图

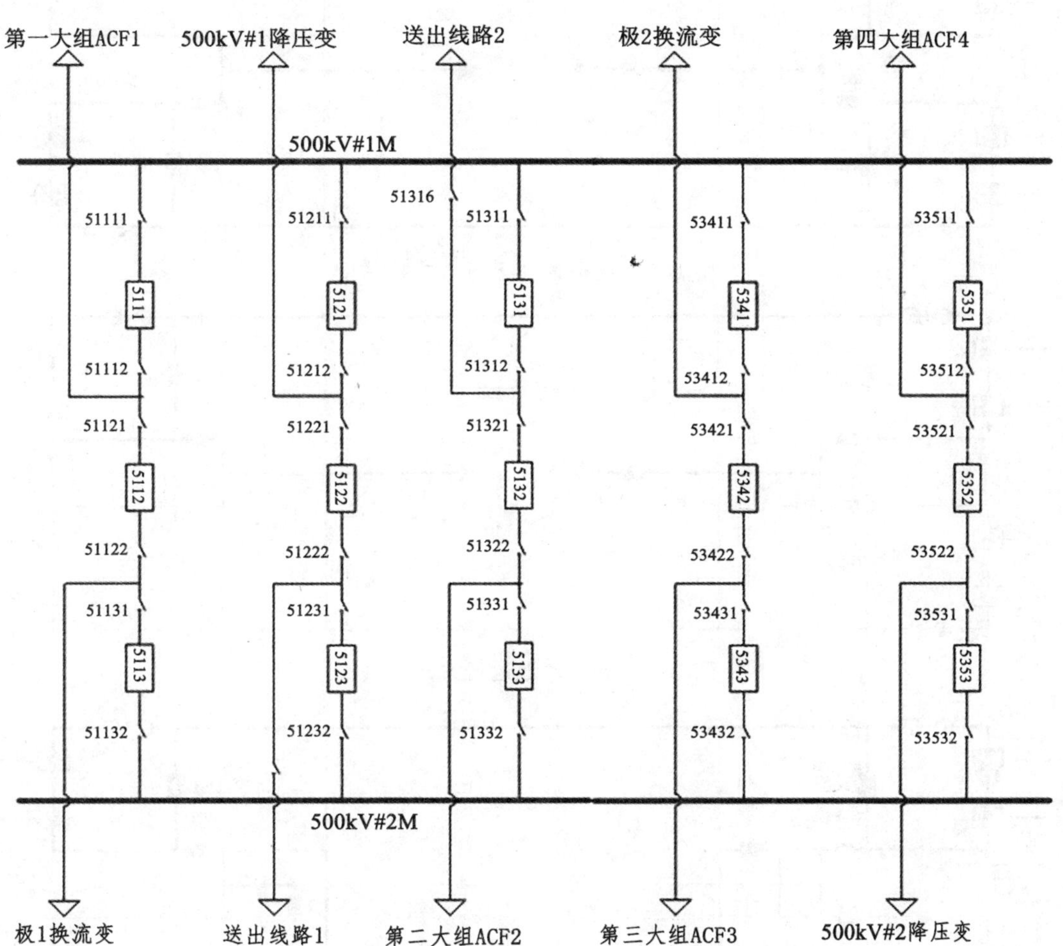

图 A-2　B 换流站交流系统接线图

附录 2：AB 直流输电工程典型运行方式接线图

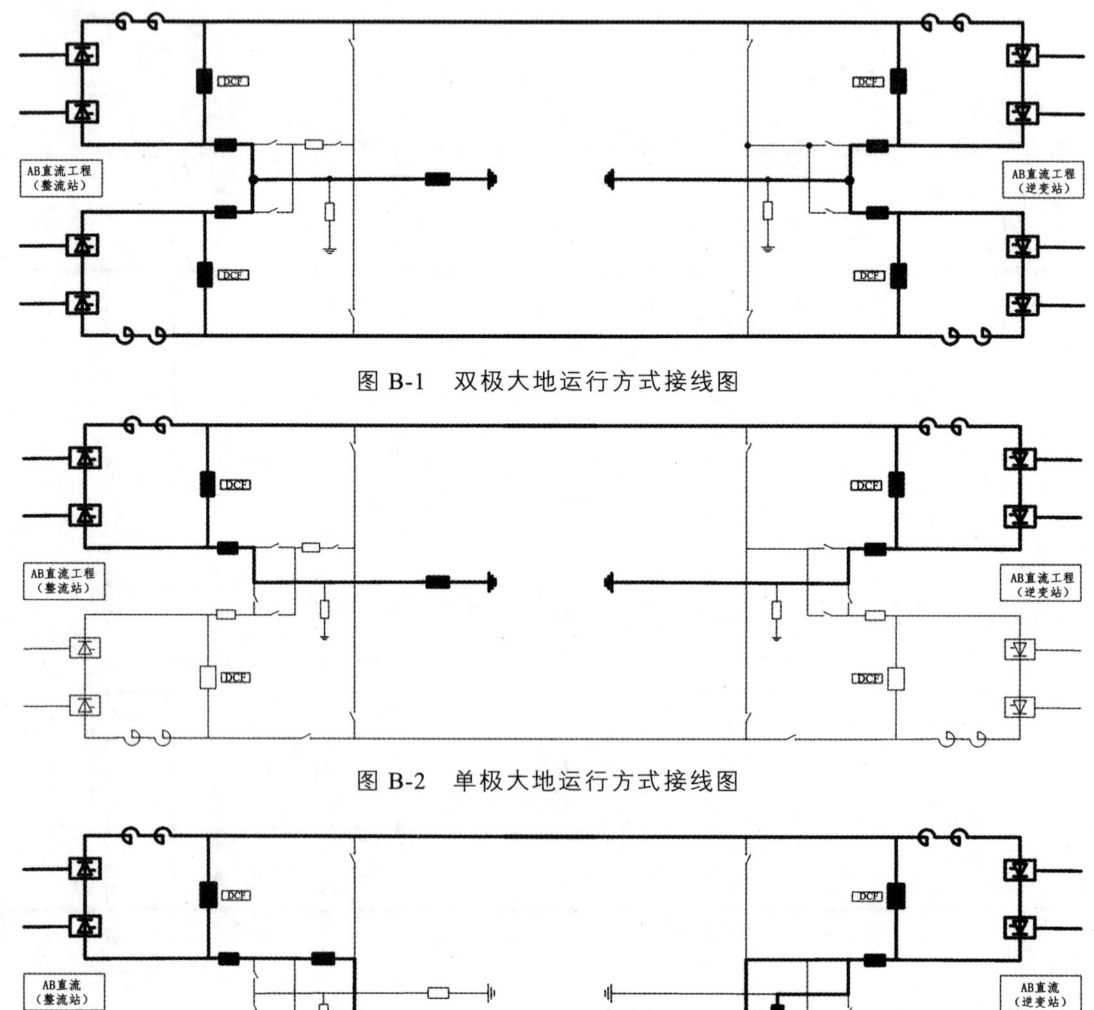

图 B-1　双极大地运行方式接线图

图 B-2　单极大地运行方式接线图

图 B-3　单极金属运行方式接线图

附录 3：直流输电直流保护定值表

编号	定值名称		新定值	单位
换流器短路保护（87CSY / 87CSD）				
01	87CSY I 段定值	√	1.7	p.u.
02	87CSY I 段动作时间	√	0	ms
03	87CSY II 段定值	√	0.5	p.u.
04	87CSY II 段动作时间	√	30	ms
05	87CSD I 段定值	√	1.7	p.u.
06	87CSD I 段动作时间	√	0	ms
07	87CSD II 段定值	√	0.5	p.u.
08	87CSD II 段动作时间	√	30	ms
09	投退		真（1）	
换相失败保护（87CFP）				
01	差动起动电流定值	√	0.07	p.u.
02	阀侧电流启动系数	√	0.65	
03	比率系数	√	0.1	
04	换相失败检测延时	√	2	ms
05	单桥换相失败检测确认延时	√	10	ms
06	单桥换相失败低电压闭锁展宽时间	√	40	ms
07	单桥换相失败系统切换延时	√	400	ms
08	单桥换相失败动作延时	√	650	ms
09	单桥换相失败检测展宽时间	√	150	ms
10	任一桥换相失败快速段检测展宽时间	√	500	ms
11	任一桥换相失败快速段系统切换延时	√	1800	ms

续表

编号	定值名称		新定值	单位
12	任一桥换相失败快速段动作延时	√	2600	ms
13	任一桥换相失败慢速段检测展宽时间	√	2500	ms
14	任一桥换相失败慢速段系统切换延时	√	7000	ms
15	任一桥换相失败慢速段动作延时	√	10 000	ms
16	投退		真（1）	
桥差保护（87CBY / 87CBD）				
01	Ⅰ段电流定值	√	0.4	p.u.
02	Ⅰ段动作时间	√	200	ms
03	Ⅱ段电流定值	√	0.07	p.u.
04	Ⅱ段切系统时间	√	150	ms
05	Ⅱ段动作时间（Uac>0.7）	√	200	ms
06	Ⅱ段动作时间（Uac<0.7）	√	2300	ms
07	投退	√	真（1）	
组差保护（87CG）				
01	Ⅰ段电流定值	√	0.5	p.u.
02	Ⅰ段动作时间	√	30	ms
03	Ⅱ段电流定值	√	0.07	p.u.
04	Ⅱ段切系统时间	√	150	ms
05	Ⅱ段动作时间（Uac>0.7）	√	200	ms
06	Ⅱ段动作时间（Uac<0.7）	√	2300	ms
07	投退	√	真（1）	
直流差动保护（87DCM）				
01	比例系数（Ⅰ段、Ⅱ段共用）	√	0.15	
02	Ⅰ段最小定值	√	0.2	p.u.

续表

编号	定值名称		新定值	单位
03	Ⅰ段动作时间	√	5	ms
04	Ⅱ段最小定值	√	0.05	p.u.
05	Ⅱ段动作时间	√	150	ms
07	投退		真（1）	
交直流过流保护（50 / 51C）				
01	Ⅰ段过流定值	√	3.7	p.u.
02	Ⅰ段动作时间	√	2	ms
03	Ⅱ段过流定值	√	2.1	p.u.
04	Ⅱ段动作时间	√	100	ms
05	Ⅲ段过流定值	√	1.55	p.u.
06	Ⅲ段切系统时间	√	700	ms
07	Ⅲ段动作时间	√	1000	ms
08	Ⅳ段过流定值	√	1.4	p.u.
09	Ⅳ段切系统时间	√	4000	ms
10	Ⅳ段动作时间	√	5000	ms
11	投退		真（1）	
交流过电压保护（59 AC）				
01	Ⅰ段定值	√	0.8839	p.u.
02	Ⅰ段动作时间	√	800	ms
03	Ⅱ段定值	√	0.9899	p.u.
04	Ⅱ段动作时间	√	250	ms
05	Ⅲ段定值	√	1.096	p.u.
06	Ⅲ段动作时间	√	180	ms
07	Ⅳ段定值	√	1.65	p.u.

续表

编号	定值名称		新定值	单位
08	Ⅳ段动作时间	√	10	ms
09	投退		真（1）	
交流低电压保护（27 AC）				
01	动作定值	√	0.3536	p.u.
02	动作时间	√	4000	ms
03	投退		真（1）	
换流变压器阀侧中性点偏移保护（59 ACVW）				
01	星星变动作定值	√	0.2	p.u.
02	星角变动作定值	√	0.2	p.u.
03	动作时间	√	1500	ms
04	投退		真（1）	
换流变压器中性点直流饱和保护（50/51CTNY，50/51CTND）				
01	Ⅰ段定值（星星变）	√	0.2	p.u.
02	Ⅰ段动作时间（星星变）	√	60 000	ms
03	Ⅱ段定值（星星变）	√	0.4	p.u.
04	Ⅱ段动作时间（星星变）	√	30 000	ms
05	Ⅰ段定值（星角变）	√	0.2	p.u.
06	Ⅰ段动作时间（星角变）	√	60 000	ms
07	Ⅱ段定值（星角变）	√	0.4	p.u.
08	Ⅱ段动作时间（星角变）	√	30 000	ms
09	换流变饱和保护投入	√	真（1）	
极母线差动保护（87 HV）				
01	比例系数	√	0	
02	最小值	√	0.3	p.u.

续表

编号	定值名称		新定值	单位
03	动作时间	√	10	ms
04	投退	√	真（1）	
中性母线差动保护（87LV）				
01	Ⅰ段定值	√	0.25	p.u.
02	Ⅰ段动作时间	√	50	ms
03	Ⅱ段比例系数	√	0	
04	Ⅱ段最小值	√	0.05	p.u.
05	Ⅱ段动作时间	√	500	ms
06	投退	√	真（1）	
直流后备差动保护（87DCB）				
01	Ⅰ段定值	√	0.25	p.u.
02	Ⅰ段动作时间	√	60	ms
03	Ⅱ段比例系数	√	0	
04	Ⅱ段最小值	√	0.05	p.u.
05	Ⅱ段动作时间	√	900	ms
06	投退	√	真（1）	
直流过压开路保护（59DC）				
01	Ⅰ段过压定值	√	1.03	p.u.
02	Ⅰ段动作时间	√	40	ms
03	Ⅱ段过压定值	√	1.04	p.u.
04	Ⅱ段动作时间	√	1000	ms
05	Ⅲ段过压定值	√	1.55	p.u.
06	Ⅲ段动作时间	√	40	ms
07	投退		真（1）	

续表

编号	定值名称		新定值	单位
直流低电压保护（27DC）				
01	电压定值	√	0.25	p.u.
02	动作延时（整流侧）	√	2300	ms
03	动作延时（逆变侧）	√	3000	ms
04	投退	√	真（1）	
接地极开路保护（59EL）				
01	保护定值	√	1.3	p.u.
02	Ⅰ段动作时间 1（正常运行）	√	100	ms
03	Ⅰ段动作时间 2（分 MRTB 或 MRS 时）	√	428	ms
04	Ⅱ段动作时间（双极运行方式）	√	100	ms
05	投退		真（1）	
交直流碰线保护（81-I/U）				
01	Ⅰ段 50 Hz 电流定值	√	0.4	p.u.
02	Ⅰ段直流电流定值	√	1.55	p.u.
03	Ⅱ段 50 Hz 电流定值	√	0.0672	p.u.
04	Ⅱ段 50 Hz 电压定值	√	0.35	p.u.
05	Ⅱ段动作时间	√	100	ms
06	投退	√	真（1）	
50 Hz 保护（81-50 HZ）				
01	比例系数	√	0.03	
02	启动定值	√	0.032	p.u.
03	切系统段时间	√	1000	ms
04	降电流段时间	√	3000	ms
05	闭锁段时间	√	5000	ms

续表

编号	定值名称		新定值	单位
06	50 Hz 投退		真（1）	
100 Hz 保护（81-100 HZ）				
01	比例系数	√	0.03	
02	启动定值	√	0.032	p.u.
03	动作时间	√	3000	ms
06	100 Hz 投退	√	真（1）	
直流线路行波保护（WFPDL）				
01	电压突变量定值	√	0.17	p.u./0.156 ms
02	电压变化量定值（逆变侧）	√	0.34	p.u.
03	电压变化量定值（整流侧）	√	0.25	p.u.
04	电流变化量定值（逆变侧）	√	-0.3	p.u.
05	电流变化量定值（整流侧）	√	0.8	
06	电流变化量最小值（整流侧）	√	0.5	p.u.
07	投退		真（1）	
直流线路电压突变量保护（27DUDT）				
01	电压突变量定值	√	0.17	p.u./0.156 ms
02	电压跌落定值	√	0.2	p.u.
03	电压恢复定值	√	0.35	p.u.
04	保护动作时间	√	100	ms
05	投退		真（1）	
直流线路低电压保护（27DCL）				
01	低电压定值（正常电压运行）	√	0.35	p.u.
02	低电压定值（降压运行）	√	0.25	p.u.
03	站间通信正常动作时间	√	200	ms

续表

编号	定值名称		新定值	单位
04	站间通信故障动作时间	√	1500	ms
05	投退		真（1）	
直流线路纵联差动保护（87DCLL）				
01	保护定值	√	0.05	p.u.
02	保护动作时间	√	500	ms
03	投退		真（1）	
金属回线纵差保护（87 MRL）				
01	比例系数（Ⅰ段、Ⅱ段共用）	√	0.2	
02	最大定值（Ⅰ段、Ⅱ段共用）	√	0.15	p.u.
03	最小定值（Ⅰ段、Ⅱ段共用）	√	0.05	p.u.
04	Ⅰ段动作时间	√	600	ms
05	Ⅱ段动作时间	√	1000	ms
06	投退		真（1）	
金属回线横差保护（87DCLT）				
01	保护定值	√	0.024	p.u.
02	保护动作时间	√	1000	ms
06	投退		真（1）	
接地极母线差动保护（87EB）				
01	比率系数（Ⅰ段、Ⅱ段、Ⅲ段共用）	√	0	
02	最小值（Ⅰ段、Ⅱ段、Ⅲ段共用）	√	0.05	p.u.
03	Ⅰ段动作时间（双极运行）	√	400	ms
04	Ⅱ段动作时间（双极运行）	√	3000	ms
05	Ⅲ段动作时间（单极运行）	√	400	ms
06	投退		真（1）	

续表

编号	定值名称		新定值	单位
接地极电流不平衡保护（60EL）				
01	保护定值（Ⅰ段、Ⅱ段共用）	√	0.02	p.u.
02	Ⅰ段双极平衡运行请求时间（双极运行）	√	2000	ms
03	Ⅰ段动作时间（双极运行）	√	4000	ms
04	Ⅱ段启动移相重启时间（单极运行）	√	2000	ms
05	Ⅱ段动作时间（单极运行）	√	4000	ms
06	投退		真（1）	
接地极线路过流保护（76EL）				
01	保护定值（Ⅰ段、Ⅱ段共用）	√	0.7	p.u.
02	Ⅰ段动作时间	√	6000	ms
03	Ⅱ段动作时间	√	11000	ms
04	投退		真（1）	
站内接地网过流保护（76SG）				
01	Ⅰ段定值	√	0.008	p.u.
02	Ⅰ段动作时间	√	900	ms
03	Ⅱ段定值	√	0.016	p.u.
04	Ⅱ段动作时间	√	3000	ms
05	Ⅲ段定值	√	0.024	p.u.
06	Ⅲ段动作时间	√	1300	ms
07	投退		真（1）	
接地系统保护（87GSP）				
01	保护定值	√	0.05	p.u.
02	动作时间	√	3500	ms
03	投退		真（1）	

续表

编号	定值名称		新定值	单位
金属回线转换开关保护（82-MRTB）				
01	Ⅰ段动作电流定值	√	0.0064	p.u.
02	Ⅱ段动作时间	√	500	ms
03	Ⅱ段动作电流定值	√	0.025	p.u.
04	Ⅱ段动作时间	√	40	ms
05	Ⅲ段动作电流定值	√	0.025	p.u.
06	Ⅲ段动作时间	√	250	ms
07	投退		真（1）	
金属回线开关保护（82-MRS）				
01	Ⅰ段动作电流定值	√	0.024	p.u.
02	Ⅰ段动作时间	√	500	ms
03	Ⅱ段动作电流定值	√	0.025	p.u.
04	Ⅱ段动作时间	√	200	ms
05	投退		真（1）	
中性母线开关保护（82-HSNBS）				
01	动作电流定值	√	0.04	p.u.
02	动作时间	√	120	ms
03	投退		真（1）	
高速接地开关保护（82-HSGS）				
01	动作电流定值	√	0.025	p.u.
02	动作时间	√	40	ms
03	投退		真（1）	

注：表中为整流站保护整定值，逆变站略有不同。

参考文献

[1] 浙江大学发电教研组之路输电科研组. 直流输电[M]. 北京：电力工业出版社，1982.

[2] 戴西杰. 直流输电基础[M]. 北京：水利电力出版社，1990.

[3] 中国南方电网超高压输电公司. 直流输电现场实用技术问答[M]. 北京：中国电力出版社，2008.

[4] 中国南方电网超高压输电公司. 高压直流输电系统继电保护原理与技术[M]. 北京：中国电力出版社，2013.

[5] 国家电网公司. 三峡—广东 ± 500 kV 直流输电工程[M]. 北京：电力工业出版社，2009.

[6] 国家能源司高压直流输电系统保护整定计算规程：DL/T277—2012[S]. 北京：中国电力出版社，2012

[7] 李兴源. 高压直流输电系统[M]. 北京：科学出版社，2010.

[8] 韩明晓，等. 高压直流输电原理与运行[M]. 北京：机械工业出版社，2010.

[9] 赵婉君. 高压直流输电工程技术[M]. 2 版. 北京：中国电力出版社，2011.

[10] 陶瑜. 直流输电控制保护系统分析及应用[M]. 北京：中国电力出版社，2015.

[11] 陶瑜，等. 高压直流输电控制保护技术的发展与现状[J]. 高电压技术：2004（11）.

[12] 荆勇，任震，欧开健. 天广直流输电系统换相失败的研究[J]. 继电器，2003，31（10）.

[13] 朱韬析，宁武军，欧开健. 直流输电系统换相失败探讨[J]. 电力系统保护与控制，2008，36（23）：116-120.

[14] 田庆，王晓希. 高压直流控制与保护系统配合不当分析[J]. 高压电器，2008，44（5）.

[15] 任达勇. 天广直流工程历年双极闭锁事故分析[J]. 高压电器，2006，32（9）.

[16] 张建设，韩伟强，黄立滨. 兴安直流双极闭锁反事故措施实时仿真研究[J]. 南方电网技术，2008，2（4）.

[17] 傅闯，饶宏，黎小林.交直流混合电网中直流 50 Hz 和 100 Hz 保护研究[J]. 电力系统自动化，2008，32（12）.

[18] 赵军，曹森，刘涛.贵广直流输电工程直流线路故障重启动策略研究及优化[J]. 电力系统保护与控制，2010，38（23）.

[19] 周翔胜，林睿. 高压直流输电线路保护动作分析及校验方法[J]. 高电压技术，2006，32（9）.

[20] 曹继丰，王钢，张海风. 高压直流线路保护配置及其优化研究[J]. 南方电网技术，2008，2（4）.

[21] 朱韬析，夏拥，何杰，等.逆变侧换流变压器阀侧接地故障特征分析[J]. 电力系统自动化，2011，35（1）.

[22] 王俊生，朱斌.逆变侧换流变压阀侧连接线单相接地动作策略分析[J]. 电力系统自动化，2010，34（23）.